大人でも答えられない！
宇宙のしつもん

荒舩良孝

はじめに

「どのように宇宙は誕生したのだろう？」
「地球以外にも生命体は存在しないのだろうか？」
「いつか、私たちも月にいけるようになるのかな？」

　ふと、夜空を見上げ、またたく星をながめていると、そんな疑問が次々と浮かんできます。その答えが知りたくて、「ねぇ〜なんで？」「どうしてなの？」と、お父さんやお母さんにしつこくたずねた記憶がある人も多いのではないでしょうか。
　でも、お父さんやお母さんが一生懸命に答えてくれようとしても、結局よくわからずじまいで、うやむやなままで終わってしまったことも、よくありますよね。

　子どものころは、目にするものすべてが新鮮で、その仕組みがどうなっているのかをいつも考えていました。
　宇宙は、夢とロマンに満ちた〝疑問の宝庫〟です。キレイな星空の向こう側には不思議なことで満ちあふれています。
　たとえ大都会のなかにいても、夜、顔を上げれば天空で美しく輝く月や星を見ることができます。
　宇宙はある意味で、一番身近に感じることができる大自然なのです！

　宇宙が大好きでよく知っているという人も、よくわからないけどこれから知っていきたいという人も、本書で子どものころに抱いていた好奇心を取り戻してください。
　宇宙に関する素朴な疑問、大人になった今でも意外にも答えられない質問——これらの答えをともに考え、探りながら最新の知識を身につけていきましょう。
　さぁ、『大人でも答えられない！　宇宙のしつもん』のスタートです。

子どもが抱く素朴な疑問は、ものごとの本質をついていたり、最先端で科学者たちが研究していることに結びついていたりもします。
「宇宙は、なぜ真っ暗？　それともそう見えるだけ？」
「なぜ？　火星は赤いのだろう。やっぱり熱いのですか？」
　というような誰もが一度は頭のなかに浮かぶ疑問や、
「もしも……ブラックホールに吸いこまれたら？」
「光速を超える移動方法『ワープ』は実現可能!?」
　などといった未知なる世界への興味をひきつける質問、さらには、
「人類は、宇宙のどこまでたどり着いているの？」
「宇宙飛行士になりたい！　どうすればいい？」
　といったものまで、幅広いジャンルの質問も盛りこんでいきます。

　以前から宇宙に興味はあったけど、本格的に学ぶ機会がなかなかなかった……。そのような人には、本書が宇宙を知る〝入り口〟となり、さらなる興味を広げる〝場所〟になるはずです。
　もともと宇宙への関心が高く、これまでにも数々の本を読まれている人には、再度、知識を体系的に整理し、本質的な理解をうながすうえで〝最適な1冊〟となることでしょう。
　お子さんがいらっしゃる人は、本書で取り上げている宇宙の質問を投げかけ、その答えを一緒にじっくりと考えてみてはいかがでしょう。
　1つの疑問に関して、お互いに考え、答えを探すことで、〝親と子どもが触れ合う場〟を増やすきっかけになってほしいと願います。

　観測技術が進んだこともあり、この数十年間で宇宙に関していろいろなことがわかってきました。これまで謎だったことも、次々と解明されています。すると……不思議なことに、また新たな疑問が生まれてくる。
　宇宙探訪は、この繰り返しかもしれませんね。
　知識が増えたことによって、今まで疑問に思わなかったことが新たな疑問として立ちはだかるのです。1つの疑問が解決すると、さらに新たな知識欲がわいてきます。

はじめに

　もう一度、本書を通じてこうした素晴らしい体験をしてください。

　本書の構成ですが、プロローグで、まず誰もが気になっている「地球外生命」に関するお話からスタートします。
　続く1限目では、最新の調査でわかった「宇宙の不思議」に触れてください。2限目から4限目にかけては、「太陽や月」「太陽系の惑星」「銀河」に関する質問を中心に展開しています。
　5限目と6限目では、皆さんの関心が高いと思われる「宇宙飛行士」「宇宙開発」に関する質問を集めました。
　なお、本書は、単なる〝宇宙の解説書〟にとどまらず、授業形式の読みものとしても楽しんでいただきたいと考えています。
　やさしく丁寧に解説するために、ときには難解な専門用語を使わずに、誰もが知っている用語を使いながら話を展開しています。また、本書で取り上げた質問のなかには、答えが明確になっていないものも数多くあります。したがって、「答え」を提示するだけではなく、現在の取り組みはもちろん、今後の展望も合わせてお伝えするようにしました。

　見上げた夜空は謎だらけの世界だった──。
　だからオモシロイ!!　だからワクワクする!!
　広大な宇宙に浮かぶ小さな小さな惑星・「地球」。宇宙の悠久な時の流れから見たら、ほんの一瞬にすぎない「人類」の誕生。その一瞬のなかで生を育む私たち……。私たちの多くが、宇宙に尽きることのない興味を抱くのは、無限に広がる世界のなかで「人間とはなにか」「私とはなにか」という疑問に直面するからなのかもしれません。
　本書が、宇宙を知るうえでの最初の1歩となって、より多くの人たちが宇宙に関心を持つきっかけとなれば幸いです。

2014年8月吉日

荒舩　良孝

大人でも答えられない！ 宇宙のしつもん ― もくじ ―

🛸 はじめに　　　3

可能性はゼロではない!!
「地球外生命」の存在

すぐそばに宇宙人が!? 衝撃の事実に誰もがビックリ
🛸 〝異端の天文学者〟ガリレオが見た「天上の世界」の真実　　20
🛸 私たちが知り得ている宇宙の知識はほんのわずか！　　22

生命発見の日は遠くない！ 科学者の多くは期待大
🛸 40年前から未知なる知的生命にメッセージを発信中　　24
🛸 注目すべきは『ハビタブルゾーン』の惑星……ただし問題も　　26

「ワレワレハウチュウジンダ」──その姿は誰も知らない
🛸 まだ見ぬ地球外知的生命のはずが……どうして〝タコ型〟に？　　28
🛸 〝世紀の誤訳〟と〝世紀の名作〟がすべての原因だった!?　　29
🛸 地球上では考えられない知的生命がいるかもしれません　　30

1限目

最新の調査で新事実が続々
「宇宙の不思議」の時間

Q.1
「いつ」「どこで」「どのように」宇宙は誕生したの？
- 〝稀代の大天才〟さえも大きな間違いをおかした超難問！　34
- 『宇宙背景放射』によって宇宙の年齢は明らかになっています　36

Q.2
地球と宇宙の〝境界線〟はどんな状態なの？
- 「どこまでが地球で……どこからが宇宙」の定義はあいまい　38
- 大別すると4つの層に分類できる。それぞれの特徴とは？　39

Q.3
素朴な疑問です。宇宙はなにでできているの？
- 今の段階では……わずか約4.9％しか明らかになっていない　42
- 『ダークマター』『ダークエネルギー』の割合は、なぜわかった？　43

Q.4
宇宙と重力って、どんな因果関係があるの？
- 「重力」と「電磁気力」だけが直接的に人間が感じられる力　44
- 4つの力のなかで「重力」だけが謎のベールにつつまれている　45

Q.5
宇宙は、なぜ真っ暗？　それともそう見えるだけ？
- ビッグバンが起きたときは無数の光でいっぱいだった　46
- 地球上とは違い、宇宙空間には太陽光を反射するものがない　46

Q.6
宇宙で最初の星は？ すごく興味があります！
- 宇宙で初めて誕生した星は……1つだけではなかった　　48
- 『ファーストスター』は「超新星爆発」によって一気に消滅！　　50

Q.7
もしも……ブラックホールに吸いこまれたら？
- 「重力」が桁はずれに大きく、一度入ると脱出不可能！　　52
- 形あるものは〝スパゲッティー〟のように細長く伸びてしまう　　53

Q.8
ブラックホールはどうやって見つけたの？
- 存在の有無をめぐって大論争。発端はアインシュタインの理論　　56
- 1971年……人類はついにその瞬間にたどり着いた！　　57

Q.9
超巨大なブラックホールが電波観測によって発見！?
- 新たな観測方法で前代未聞のブラックホールの存在を確認　　60
- 地球から約2億2000万光年先にある『クェーサー』の正体とは？　　61

2限目

地球に一番近い存在！
「太陽」と「月」の時間

Q.10
太陽は、いったいどうやって光っているの？
- 太陽は絶えず大量のエネルギーを地球に降りそそいでいる　　64
- 大量のエネルギーをつくることで……その身を削っていた !?　　66
- 人類はここまで知ることができた！太陽の内部と外部の構造　　67

Q.11
太陽にも〝ホクロ〟があった。なにか意味があるの？
- ガリレオの発見以降、約400年以上も観測が続けられている　　70
- 「黒点」の数が多い時期が「極大期」。少ない時期が「極小期」　　70

Q.12
幻想的なオーロラは太陽と深い関係にある？
- 意外な事実！オーロラは太陽がないとできない現象　　72
- 木星・土星・天王星など地球以外の太陽系の惑星でも発生！　　72

Q.13
『ニュートリノ』を観測すれば太陽の中心まで丸見え !?
- 科学者の多くが注目する『ニュートリノ』とは、なにか？　　74
- 『ニュートリノ』の観測によって未知なる世界が見えてきた　　75

Q.14
ところで……月はどうやってできたの？
- 地球と月は運命的に出逢った？『ジャイアント・インパクト』説　　76
- 月の誕生の最有力説を支持する証拠が見つかり始めている　　76

Q.15
いつも同じ模様に見える月には表と裏はない？
- 地上から見える月の模様はいつも同じ……その意外な秘密　　78
- 人間の性格に裏表があるように月にも〝2つの顔〟があった！　　79

Q.16
地球と比べて、月に「クレーター」が多いワケは？
- 地球のように大気や水がないので「いん石」の痕跡はそのまま　　82
- 月の「クレーター」を探れば……地球の歴史も見えてくる　　82

Q.17
空に浮かぶ月……。どうして落ちてこないの!?
- ニュートンが発見した『万有引力の法則』のかげに月の存在アリ　　84
- リンゴと地球と月の不思議な関係から見えてきたものとは？　　85

Q.18
いつかは、月の場所は地球からとても遠くになる？
- 数十億年前の月は、今よりももっと大きく見えていました　　88
- 約1億8000万年後には……地球の1日は25時間になるかも　　88

Q.19
潮の満ち引きには、月が大きく関係している!?
- 砂浜に足を運ぶと……月の重力の様子がよくわかる　　90
- 月に面している部分と逆の部分が「満潮」。それ以外は「干潮」　　90

Q.20
月と太陽の大きさは違うのに、「日食」が起きるワケとは？
- わずか数分間だけ見ることができる幻想的な現象　　92
- 太陽と月が同じタイミングで昇る「新月」がチャンスだが……　　94

3限目

SF作品の常連
「火星」「水星」「金星」の時間

Q.21
なぜ？ 火星は赤いのだろう。やっぱり熱いのですか？
- イメージと違う!? その原因は火星独特の地質にあった　　98
- 2003年8月に火星が地球に「大接近」──その理由は？　　100

Q.22
火星における四季の変化は地球とは違うのですか？
- 地球よりも夏と冬の気候の変化が激しいのが特徴的！　　102
- 季節によって表情が次々と変わる雄大な氷地帯・「極冠」　　103

Q.23
どこまで火星探査でわかっているのですか？
- 『マリナー9号』の成果によって峡谷や山を火星に発見！　　104
- 『キュリオシティ』の探査によって生命の可能性がアップ　　105

Q.24
最近、話題になっている『テラフォーミング』って？
- 〝第2の地球〟の最有力候補にノミネートされている火星　　108
- 世紀の大プロジェクト「惑星地球化計画」……その全貌とは？　　109

Q.25
1日の長さが、水星と地球は全然違う!?
- 太陽系でもっとも小さい惑星だけど、密度は第2番目の高さ　　112
- 水星の「1日」がようやく終わるのは……地球の約半年後　　112

Q.26
写真で見ると、水星って月と似ていませんか？
- 地球上ではあり得ない規模をほこる超巨大な『カロリス盆地』　116
- 水星のほとんどが核でしめられている意外なワケとは？　117

Q.27
「水」という字がつくから水星には水が豊富にあるの？
- 水星の〝真の姿〟をとらえることに成功した『メッセンジャー』　118
- その名前の由来どおりに大量の「氷＝水」の存在が明らかに！　118

Q.28
「金星と地球は似ている」と聞きますが……真実は？
- 大きさや質量・内部構造は非常に似ている点が多い　120
- 美しさの裏には恐ろしさが……魅惑の惑星・金星の素顔　120

Q.29
「明星（みょうじょう）」と呼ばれる金星──。いつ見ることができる？
- 明るく見える理由は「地球との距離」と「金星の上空をおおう雲」　124
- 金星と太陽の位置関係で観測できるチャンスは限られる！　125

4限目

謎だらけの〝魅惑〟の世界
「太陽系」と「銀河系」の時間

Q.30
太陽系の惑星は、3種類に区分できるらしい!?
- 私たちの地球は「岩石」「金属」が主成分の「岩石惑星」だった　128
- グループの区分における判断基準は「太陽から受ける熱の量」　128

Q.31
木星が太陽になっていたかもしれないって、ホント?
- 木星はなにもかもが仲間のなかで最大級の〝マンモス惑星〟　130
- 「太陽になり損ねた惑星」といわれる由縁には……なにが?　132

Q.32
木星のマーブル模様は意外なものでできていた?
- 「模様は木星の大地についている」はまったくの勘違い!　134
- 木星の代表的な2つの模様『赤道縞』と『大赤斑』の特徴　135

Q.33
土星だけがリング(環)を持っているわけではない!?
- 地球からは1本のリングに見えるが……じつは7本だった　136
- 「いつ」「どのようにして」できたのかは未だわかっていない!　138

Q.34
土星のある衛星が注目されているらしい……なぜ?
- 『カッシーニ』が送ってきた写真に映っていた驚愕の事実　140
- 『エンケラドゥス』の内部に似た場所が地球にもあった!　141

Q.35
天王星を観測すると、横倒しの状態ですけど？
- 最初の名前は普及せず……天空の神『ウラヌス』で落ち着く　142
- 自転軸が約98度も傾いているが、未だその原因は不明！　144

Q.36
海王星の色は、どうしてマリンブルー？
- 天王星によく似た青色に輝く惑星・海王星の実態　146
- 人類初の「科学理論」に基づいて発見！ 発見者はまさかの3名　148

Q.37
太陽や太陽系の惑星にも、寿命がある……!?
- 恒星にも寿命があり、最期を迎える日は質量で決まる　150
- 太陽の〝死〟まで残り約70億年──そのとき、なにが起こる？　150

Q.38
どうして、冥王星だけが仲間はずれなの？
- 2006年8月の国際総会で正式に〝惑星枠〟から除外決定！　152
- 「惑星の定義」が決められていなかったのが……大争論の要因　153

Q.39
太陽系の惑星は、8つ以外にもうないの？
- 太陽から約75億km先にある『エッジワース・カイパーベルト』　156
- 海王星よりも遠い場所に未知の惑星が存在するかもしれない　157

Q.40
太陽系は、どこまで広がっているのだろう……
- 冥王星の除外問題で「太陽系が小さくなる」と危惧されたが……　158
- 「太陽圏」のさらに外側にある「オールトの雲」までが太陽系!?　158

Q.41
「銀河」ってなに？ なぜそう呼んでいるの？
- 宇宙空間に無数に点在する恒星などで形成された〝集団〟　160
- たしか学校の授業で『アンドロメダ星雲』と習いましたが……　161

5限目
あくなき挑戦の連続！
「宇宙開発」の時間

Q.42
宇宙を飛ぶ研究施設──。『国際宇宙ステーション』とは？
- 世界15カ国が築いた国境のない人類の〝フロンティア〟　　164
- 日本で観測するなら「日没後」と「日の出前」の2時間ほど　　165

Q.43
フワフワと浮く宇宙飛行士　その理由は……なぜ？
- じつはISS内にはほんの少しだけ「重力」がかかっている　　166
- 原理原則は「月と地球の相対関係」と同じです　　166

Q.44
人工衛星って、宇宙空間にどれくらいの数があるの？
- 世界初はロシア。日本は世界で4番目に打ち上げに成功！　　168
- 人工衛星の役割は社会発展のためだが……軍事目的もある　　168

Q.45
もしも、宇宙服を着ないで船外に出たら……？？
- 空気がない真空状態の宇宙では人間は生きられない　　170
- 宇宙飛行士の生命を守る宇宙服。その構造はどうなっている？　　171

Q.46
人類は、宇宙のどこまでたどり着いているの？
- 最長記録は「アポロ計画」の約38万km離れた月まで──。　　174
- 日本の技術力を世界に知らしめた無人探査機『はやぶさ』　　175

Q.47
日本製のロケットには、なぜ人が乗れないの？
- 日本の技術でも有人ロケットの打ち上げは可能だが……　176
- 世界と比べて、日本は宇宙開発に対する国民の理解度が低い　177

Q.48
ロケットや無人探査機はなにで動いている！？
- 真空状態の宇宙でも活動可能な「ロケットエンジン」が考案　178
- 「イオンエンジン」の登場は、まさに技術の進歩のたまもの！　179

Q.49
光速を超える移動方法『ワープ』は実現可能！？
- 世界中に〝激震〟が走った2011年9月のある実験結果　182
- 以前よりは実現の領域に近づいてはいるが……果たして？　182

Q.50
宇宙にも望遠鏡が！ どんなものがあるのだろう
- 地上では空気が観測のジャマ。だから宇宙に設置した　184
- 日本の『すざく』『あかり』『ひので』も宇宙で大活躍！　185

Q.51
ガガーリンよりも先に宇宙に旅立った動物がいた？
- 栄光なき伝説のスペース・ドッグ『クドリャフカ』　186
- 宇宙開発の発展の裏にはたくさんの悲しい犠牲がある　187

Q.52
宇宙空間に深刻な問題発生！『スペースデブリ』って？
- 人類がつくり出した宇宙空間をさまよい続ける〝不要物〟　188
- 国際的な問題として「デブリ除去衛星」の開発が進行中！　189

6限目

知れば知るほど胸がおどる！
「宇宙飛行士」と「宇宙生活」の時間

Q.53
宇宙飛行士になりたい！ どうすればいい？
- JAXAが実施する選抜試験に合格＆採用されるのが第1歩　192
- およそ半年にわたる戦いの末……わずか数名が候補生に　193

Q.54
あこがれの宇宙飛行士。どんな仕事をするの？
- 毎日が激務！ たった6名で課された任務をすべておこなう　196
- 危険と隣り合わせの船外活動やメディア対応も任務です！　196

Q.55
いきたい！ 住みたい！ どんな暮らしが待っている？
- 宇宙飛行士の約7割が最初に悩まされる「宇宙酔い」　198
- 船内移動はスイスイ快適！ でも……その代償は大きい　199
- 閉鎖環境によって生じるストレスは尋常ではありません！　200

Q.56
宇宙食にも「日本食がある」って、ホント？
- 昔は本当にマズいものでした……今の宇宙食はオイシイ！　202
- メニュー登録外でも条件クリアで持ちこみ＆食事が可能　203

Q.57
宇宙では火が使えない!? ねぇ～困らないの？
- 「電子レンジでチ～ン」の日常が通用しない不自由な環境　204
- 普段当たり前のように使っているものが思わぬ危険を招く　205

Q.58
ところで……トイレは？ すごく気になります！
🛸 排泄物は宇宙がつくり出した自然の〝焼却炉〟で処分　　206
🛸 高性能の浄化装置で「おしっこ→飲料水」にリサイクル　　207

Q.59
宇宙は無菌状態……。だから、風邪をひかない？
🛸 宇宙に旅立つ前は隔離されたスペースで生活する徹底ぶり　　208
🛸 地上のコントロールセンターから24時間態勢でモニターチェック!!　　209

参考文献　　210
主要参考ホームページ　　211

装丁　　福田和雄（FUKUDA DESIGN）
カバーイラスト　　大西 洋
本文デザイン　　藤本いづみ

プロローグ

可能性はゼロではない!!
「地球外生命」の存在

すぐそばに宇宙人が!?
衝撃の事実に誰もがビックリ

難易度 C

🚙 〝異端の天文学者〟ガリレオが見た「天上の世界」の真実

　私たち人間は、太古の時代から「宇宙」という謎多き存在にいろいろな想いをめぐらせてきました。地球上に人類が誕生して以来、「自分たちはいったいなに者なのか」「この世界はどうやってできたのか」「これからどうなっていくのか」と、いつも考えていたことでしょう。

　しかし、人間が知り得ることのできる世界には限界があります。自分の目で見て、耳で聞こえる範囲のことしかわかりません。

　古代の人たちは、頭上に果てしない大空が広がっていることは知っていましたが、その先になにがあるのかまではわかっていませんでした。

　毎日、決まったように朝日が昇り、夜になると月や無数の星たちが現れます。それらを日々観察していくうちに、どうやら決まった季節に、決まった時間に現れることに気がついたのです。

　このような事象に触れ、古代の人たちは、大自然が持つ偉大なパワーや魅力に心を奪われたのではないでしょうか。目の前に広がる「地上の世界」に対して、手の届かない「天上の世界」では、いったいなにが起こっているのかを考えるようになったのです。

　天上の世界は、実際に目で見ることができないので、想像をふくらませるしかありません。たくさんの国や地域でさまざまな神話や伝承が語り継がれているのは、その〝なごり〟といえるでしょう。

プロローグ　可能性はゼロではない!!「地球外生命」の存在

　宇宙が科学的に理解されるようになったのは、17世紀に入ってからです。「近代科学の父」といわれたイタリアの天文学者であり、物理学者・自然哲学者としても知られるガリレオ・ガリレイ（1564～1642）が、1609年にその扉を開けました。彼は、世界で初めて自作の望遠鏡を使って、天上の世界をのぞいてみたのです。

　古代ギリシャの時代から、「天上には地上とはまったく異なる世界が広がっている」と考えられていました。
　ところが……ガリレオが望遠鏡を通して目のあたりにしたのは、これまでの考えをくつがえす衝撃的な光景でした。
　なんと！ 地上と同じような世界だったのです!!　天空でキラキラと輝く月は、望遠鏡で見ると地球と同じようにゴツゴツした岩石でおおわれ、山や谷がありました。これまで誰1人として疑わなかった考えが、じつはまったく違っていたのです。この事実に直面したガリレオの驚きは、想像を絶するものだったことでしょう。

その後、数多くの科学者が研究に研究を重ねた結果、宇宙は限りなく広がっていることがわかってきました。宇宙には、太陽のような光り輝く天体がたくさんあり、地球のような〝惑星〟も数え切れないほどあることも、少しずつ明らかになってきたのです。

🛸 私たちが知り得ている宇宙の知識はほんのわずか！

　地球上に人類が誕生して数百万年が経ちました。

　人類のあくなき探求心・好奇心と地道な努力によって、観測技術は著しく進歩し続けています。その結果、私たちは宇宙に関して、たくさんの知識を得ているように思いがちですが、じつは私たちが知り得ている宇宙の知識は、ほんのわずかなのです。

　たとえば、私たちがよく知っているはずの星や銀河などは、宇宙全体で見ると約4.9％ほどしかありません。そのなかでさえも、よくわかっていないことがたくさんあります。つまり、私たちは宇宙に関して、「ほとんどなにも知らない」といっていいくらいなのです。

　そうしたなかで、多くの人が夜も眠れないくらいに気になって仕方がない謎といえば……「宇宙人＝異星人」の存在ではないでしょうか。

　この広い宇宙に、宇宙人は本当に存在するのか？？

　結論から先に述べると、確実に存在します！　しかも私たちはすでにその宇宙人と日々顔を合わせ、生活をともにしているのです。会話だってしています。「まさか!?　どういうこと？」──。

　あまりに突拍子もない発言に取り乱した人もいるでしょうね。

　でも、そんなに驚かないでください。なぜなら、その宇宙人というのは、ほかでもない私たちのことだからです。

　私たち地球人は「地球の上に住んでいる」という認識でいますが、地球も宇宙のなかにある天体の1つです。だとすれば、ほかの星に暮らす生命から見ると、私たち人間は「地球人」である前に、「宇宙人＝異星人」とはいえませんか。

プロローグ　可能性はゼロではない!!　「地球外生命」の存在

　宇宙には、多くの人の関心をひきつける魅力があります。ただ、宇宙のことを知ったからといって、私たちの生活がすぐに大きく変化するわけではないでしょう。直接的になにかの役に立つこともありません。
　でも……なぜか、人は「宇宙」という言葉を耳にするだけで、胸が高鳴り、ワクワクした気持ちになります！　夢中になります！
　ふと、夜空を見上げて頭のなかでいろいろと想像をふくらませることもあるでしょう。

「大空のずっと先にある宇宙って、いったいどんな世界なのだろう」
「知らない世界をもっと知りたい！　もっと感じたい！」
「もしかしたら、こんな生命がいるんじゃないかな」

　そうした想いを誰かに強制されるわけでもなく、ごく自然に抱くことこそが、私たちが宇宙人である〝証〟なのではないでしょうか。
　私たちも宇宙人であるがゆえに、自分たちのルーツである宇宙のことが気になるし、すごく知りたいと思うのです。

なるほど偉人伝 file.01
ガリレオ・ガリレイ

(1564～1642)

　イタリアの天文学者で、物理学者・自然哲学者。
　自作の望遠鏡を駆使して天文観測をおこない、月の表面の凹凸、木星の4つの衛星(『ガリレオ衛星』)を発見。さらには、金星の満ち欠けや大きさの変化、太陽の黒点を観測するなど、従来の宇宙観を否定する証拠を発見し、「地球が太陽の周りを回っている」というコペルニクス(1473～1543)が唱えた『地動説』を擁護した。
　しかし、「宇宙の中心に地球が静止し、その周りをほかの天体が公転している」という『天動説』を支持する学者やキリスト教会から迫害を受け、宗教裁判に。
　有罪の判決を受け、すべての名誉をはく奪されたまま不遇の人生を終えたガリレオ。
　彼の名誉が回復されたのは、その死から350年後のことであった。

生命発見の日は遠くない！
科学者の多くは期待大

難易度 B

🛸 40年前から未知なる知的生命にメッセージを発信中

　この広い宇宙には、私たち地球人以外に宇宙人（以降：地球外知的生命）は存在しないのでしょうか。

　SF映画や小説・マンガ・ゲームなどでは、地球外知的生命がひんぱんに登場します。にもかかわらず、現実の世界において「ほかの星から知的生命がやってきた」「未知なる生命の痕跡（こんせき）が発見された」などといった話を聞いたことがありません。これらは空想上の話で終わってしまうのでしょうか。でも……よく考えてみてください。

　地球以外で知的生命が存在する証拠が見つかっていないだけで、知的生命がいないという証拠も見つかっていません。だとすれば、「空想だと断定するのは早い」ともいえます。

　今のところ、宇宙のなかで生命の存在が確認されているのは地球だけ。

　ところが、多くの科学者は、「この宇宙のどこかに、なにかしらの生命が存在するはずだ」と期待して、研究や実験をおこなっています。

　事実、地球から地球外知的生命に向けて、メッセージを送ったり、受信しようとするプロジェクトが40年前から進められているのです。

　たとえば、南米のプエルトリコにある『アレシボ天文台』には、直径305ｍもの世界最大の電波望遠鏡があります。この電波望遠鏡から地球外知的生命に向けて「アレシボ・メッセージ」が送信されました。

プロローグ　可能性はゼロではない!!　「地球外生命」の存在

　このメッセージは、数学の〝素数〟の知識があれば、絵に復元できる仕組みになっていて、「人間が10進数を利用する」「基本的な元素の原子番号」「DNAの形」「人間の形や身長」などの情報が記されています。

　さらに、1972年と1973年に打ち上げられた惑星探査機『パイオニア10号』『パイオニア11号』には、地球外知的生命に人類の存在を伝える目的の一環として、男女の人間の絵や太陽系の位置などを記した金属板が機体に取りつけられました。

　その後、1977年に打ち上げられた『ボイジャー1号』と『ボイジャー2号』にも、パイオニア同様に地球外知的生命に向けたメッセージが積みこまれました。こちらの場合は、地球上の様子を撮影した画像、さまざまな音・世界の音楽、あいさつなどが収録された銅板に金メッキがほどこされたレコードが積みこまれています。

　もし、私たち地球人と同じような文明を築いている地球外知的生命がこれらのメッセージを受け取ったら、なにかしらの返信が来る可能性は充分にあり得ますが……今のところはありません。

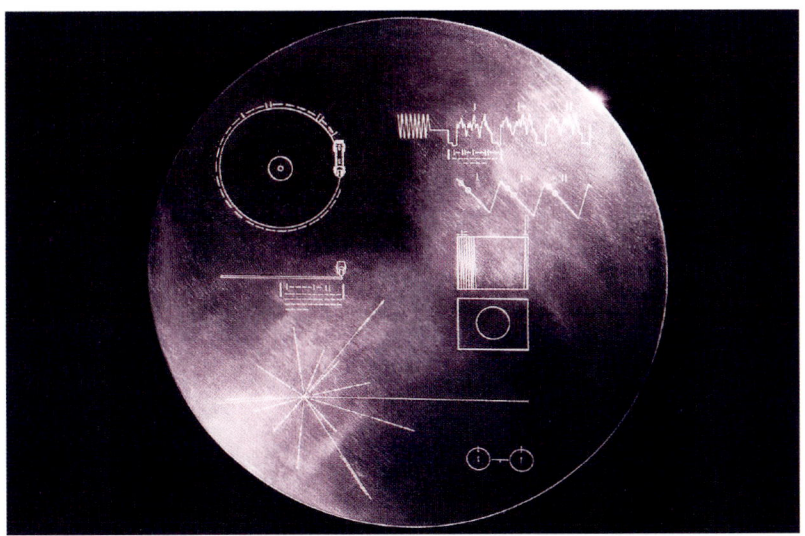

【ゴールデン・レコード】：惑星探査機ボイジャー1号・2号に積みこまれたレコードのジャケット。地球外知的生命からの返信は……未だナシ！　　　（出典：NASA）

🪐 注目すべきは『ハビタブルゾーン』の惑星……ただし問題も

　地球には、微生物から人間まで、幅広い生命が存在しています。同じように宇宙でも知的生命だけでなく、たくさんの種類の生命の存在が期待されているのです。

　太陽系のなかでも生命の存在が期待されている場所はありますが、太陽系の外で期待値が非常に高いのが「系外惑星」です。

　系外惑星は、太陽以外の恒星（核融合反応によって自ら光を発する天体）の周囲を回っている惑星たちのことで、太陽系にある8つの惑星（水星・金星・地球・火星・木星・土星・天王星・海王星）と区別する意味合いから、その呼び名がつけられました。

　私たちの地球を含む太陽系がある銀河を「銀河系」といいますが、そのなかだけでも太陽のような恒星が約1000億〜2000億個もあるようです。また、周囲には惑星が回っている恒星がたくさん存在します。

　系外惑星は、自ら光を発することがないので、以前は見つけることが非常に困難でした。それが観測技術の進歩によって、1995年に初めて実際に存在していることがわかったのです。

　さらに、2006年に宇宙望遠鏡『コロー』、2009年には宇宙望遠鏡『ケプラー』と系外惑星探査を目的とした宇宙望遠鏡が打ち上げられ、現在では3700個以上の系外惑星候補が発見されています。

　惑星に生命が存在するためには、「有機物」「液体の水」「エネルギー」といった3つの要素が不可欠だと考えられています。惑星の表面に液体の水が存在し、生命活動に必要なエネルギーが過不足なく供給されるには、恒星から一定の距離を保っていないといけません。

　私たちの地球は、恒星（太陽）からの距離がちょうど良く、3つの要素がそろっています。温度も安定しているので、生命が住むには最適な環境なのです。このような生命の存在に適している領域を『ハビタブルゾーン（生命居住可能領域）』と呼びます。

　地球外知的生命を探し求める科学者たちは、この領域に位置する系外惑星をいくつも発見しています。

最近では、地球と同じような特徴を持つ惑星も見つかっており、地球外知的生命への期待も高まっています。

　系外惑星に地球外知的生命が存在する期待は高まっているものの、それを直接的に確認する方法は、残念ながら現段階ではまだありません。地球からの距離があまりにも遠いからです。
　たとえば、ハビタブルゾーンに存在する岩石惑星の『グリーゼ581g』は、地球から約20.4光年も先にあります。これは〝宇宙一速い〟光の速度で移動しても、片道約20.4年もかかるほどの距離です。
　現在の観測技術では、系外惑星の存在を確認するのが精一杯で、生命の有無を確認する段階までには至っていません。

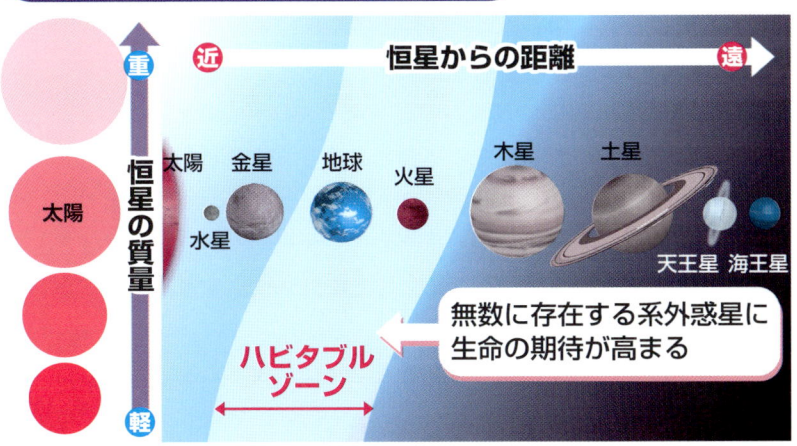

青い帯部分のハビタブルゾーンに存在する系外惑星に、多くの科学者が地球外知的生命がいるかもしれないと期待している！

「ワレワレハウチュウジンダ」
――その姿は誰も知らない

難易度 C

🛸 まだ見ぬ地球外知的生命のはずが……どうして〝タコ型〟に？

　地球以外にも、生命が存在する可能性は非常に高いと考えられているものの、その生命がどのような姿をしているのかは、不明です。

　当然ですよね。私たちは地球外知的生命に一度も出逢っていないわけですから……。また、いくら可能性は高くとも、実際はその痕跡すら見つかっていないので、地球外知的生命がいかなる環境で暮らしているのかもわかりません。

　地球上で暮らす人間も含めた生物の多くは、生き残るために環境に適した姿へと変化していきました。

　たとえば、生物学上でほ乳類に属するクジラやイルカも海のなかで生活するために、長い年月をかけて魚類と同じようにヒレを持ち、水中で移動しやすい姿になっていったのです。

　陸上で狩りをおこなうトラやライオン・チーターなどの猛獣たちも原理原則は同じです。確実に獲物をとらえるために、俊敏で、柔軟性のある体を得ています。

　そのほかにも、寒い地域に住む生物は、体が大きく厚い毛皮を全身にまとっているのが特徴的です。つまり、生物は自分たちが暮らしている環境に適した姿に変わっていくことで、「厳しい生存競争を勝ち抜いてきた」といえます。

地球外知的生命も、地球上の生物と同じように生活環境によって、その姿は大きく変わるはずです。
　ところが、私たちはその存在はおろか、どのような環境で生活しているのかも知らないので、その姿は〝想像〟でしか描けません。
　さらに、私たちが想像するときは、多かれ少なかれ地球にいる生物の姿を参考にしています。
　典型的な例を挙げるとしたら……タコのような火星人の姿でしょう。
　宇宙をテーマにしたSF作品には、火星がよく登場します。
　事実、地球外知的生命が地球に侵略してくるストーリーでは、その故郷が火星になっているケースが多いですね。そして、古くから生命の存在が期待されていた火星では、「タコのような姿をした火星人がいる」と誰もが本気で信じていました。

　なぜ、このようなイメージが定着してしまったのでしょうか？

　ことの発端は、アメリカの元実業家で、天文学者になったパーシヴァル・ローウェル（1855〜1916）が唱えた「火星の運河」説です。
　アメリカ・ボストンの大富豪に生まれたローウェルは、ハーバード大学で物理や数学を学び、実業家になったものの、火星に興味を抱いて天文学者に転身します。そんなある日、彼はイタリアでおこなわれた火星の観測結果を記したスケッチに衝撃を受けます。
「火星の表面に細長い筋がある」と記されていたのです。
　この記述は、その後英語に翻訳されましたが、これがやがて世界を、さらにはローウェルの人生を一変する出来事へと変わっていきます。

🛸 〝世紀の誤訳〟と〝世紀の名作〟がすべての原因だった⁉

　前出のスケッチの内容に「筋」という記述がありました。
　イタリア語では「カナリ」といいますが……なぜか、英語に翻訳されたときには、「運河」を意味する「カナル」と訳されて世界中に広まってしまったのです。

この〝世紀の誤訳〟は、世界中の天文学者たちに大きな疑問を投げかけることになりました。「なぜ、火星に運河があるのか」──と。
　ローウェルは、火星の運河を見るために私財を投じて天文台をつくり、火星の観測に打ちこみます。
　10年以上にもおよぶ観測の結果、彼は「火星の極地（北極および南極の地方）から赤道付近まで運河が存在し、それをつくったのは火星人に違いない」と唱えました。つまり、「火星には運河をつくるほどの高度な知能と技術を持ち得た知的生命がいる」と主張したのです。
　ローウェルの主張は、天文学者だけにとどまらず、一般の人たちにも大きな衝撃を与え、皆がこぞって天体望遠鏡を購入し、火星の観測を始めました。〝火星ブーム〟の到来です！

　さらに、この火星ブームに拍車をかけたものがあります。
　イギリスの小説家であるハーバート・ジョージ・ウェルズ（1866～1946）が、1898年に出版したSF小説『宇宙戦争』です。
　大きな頭と細長い足を持つタコ型の凶暴な地球外知的生命が、強力な兵器を持って地球を侵略するストーリーが話題を呼び、タコのような火星人のイメージが定着したのです。
　なお、ローウェルの「火星の運河」説は、その後の観測技術の進歩によって完全に否定されることになりました。

🚨 地球上では考えられない知的生命がいるかもしれません

　私たちは、地球外知的生命を地球上の生命の延長線のようにとらえていますが……もしも、地球上の生命と根本的に異なるものだったらどうでしょうか。

　ここで、26ページでお話しした生命が存在するうえで必要な３つの要素を思い出してください。「有機物」「液体の水」「エネルギー」でしたよね。このうち、有機物は生命の体をつくるためのものです。地球上では有機物は「炭素」を骨格にしてつくられています。

宇宙でも有機物は炭素が主体と考えられていますが、条件が整えば、炭素と同じような性質を持つ「ケイ素」が主体となる有機物も考えられます。ケイ素が主体の有機物が豊富な天体では、地球とは違う「ケイ素生命」が誕生しているかもしれません。

ただし、ケイ素を主体とした物質は、炭素に比べてかたいものが多く、地球上の生命のように柔軟性があって、運動しやすい生物はできにくい欠点があります。

そこで、ケイ素を主体とする場合は、ケイ素原子の間に酸素原子がはさまって〝鎖状の分子〟を形成するシリコーンが骨格になるという説が有力です。シリコーンは、現代でも整形手術や豊胸手術などに使われているとても柔らかい素材なので、柔軟性に富んだ生命の体を形成することができると考えられています。

このように、宇宙には地球上では考えられない知的生命が存在する可能性は充分にあり得ます。

でも……詳しいことは、まだまだ謎だらけ。その謎を解くために、多くの科学者が宇宙を観測し、研究を続けているのです。

なるほど偉人伝 file.02 パーシヴァル・ローウェル

アメリカ合衆国のボストン生まれ。天文学者。

ボストンの大富豪の子どもとして何不自由なく育ち、ハーバード大学で物理や数学を専攻し、一度は実業家になったものの火星に興味を抱き、天文学者に転身。

私財を投じて自身の名をつけた『ローウェル天文台』を建設し、火星の研究に没頭する日々を送る。

火星に関する著書も多く、彼が提唱した「火星の運河」説は、天文学界はもちろん、世界中の人が驚く内容だったが、その後の火星探査機の観測によって完全に否定されることになる。

日本研究家としても知られ、明治時代に5回来日している。小泉八雲やアーネスト・フェノロサなどとも親交があったといわれ、「神道」に関する著書も多い。

(1855〜1916)

ちなみに、私たち日本人にとって、一番馴染みがある地球外知的生命といえば……子どものころに夢中になった『ウルトラマン』でしょう。
　ご存じだと思いますが、ウルトラマンは、宇宙警備隊の任務で地球を訪れたM78星雲の宇宙人（地球外知的生命）です。宇宙怪獣を追跡し、たまたま地球までやってきたときに科学捜査隊のハヤタ隊員が乗っていた小型ビートルと衝突し、彼を死なせてしまいます。
　ウルトラマンは、自分の命をハヤタ隊員に分け与えて一心同体となり、地球を守るために戦う──こういう内容のストーリーでした。

　今なお、多くの子どもたちに愛されるウルトラマンシリーズでは、ウルトラマンと戦う怪獣や怪人たちも、そのほとんどが、はるか宇宙のかなたからやってきた生命です。
　物語の世界では、たくさんの宇宙人（地球外知的生命）がさまざまな理由で地球にやってきていますが、現実の世界では、未だその存在はおろか、痕跡すらも確認されていません。

1限目

最新の調査で新事実が続々
「宇宙の不思議」の時間

Q.1 「いつ」「どこで」「どのように」宇宙は誕生したの？

難易度 A

🚨 〝稀代の大天才〟さえも大きな間違いをおかした超難問！

　地球上に生命が〝産声〟を上げたときには、もうすでに当たり前のように存在していた宇宙——。

　いったい「いつ」「どこで」「どのように」生まれたのでしょうか。

　観測技術が進歩した現代においても、このとても難しい問いにきちんと答えられる人は、まだいません。

　じつは「宇宙に始まりがある」という衝撃的な事実が明らかになってきたのは、1920年代末〜1930年代にかけてのことです。つまり、私たちがその事実を知ってから100年も経っていません。そのため、宇宙の始まりに関しては、未だ謎だらけなのです。

　それ以前は「宇宙には始まりもなければ、終わりもない」という考えが一般的でした。どんなに優秀な科学者でも「宇宙は永遠に変わらずに存在し続けるものだ」と思っていたのです。

　あの〝稀代の大天才〟といわれた理論物理学者のアルベルト・アインシュタイン（1879〜1955）も、例外ではありませんでした。

　アインシュタインは、『一般相対性理論』を駆使して、宇宙の状態を調べる「宇宙方程式」を独自に考案しました。

　その方程式で計算してみると……。

「宇宙のなかに存在するたくさんの星の影響で、宇宙自身がつぶれてしまう」というとんでもない結果が導き出されたのです。
　一番驚いたのは、考案者のアインシュタイン自身でした。
　宇宙がつぶれてしまうなんてあってはならないと思い、そうならないように宇宙を押し広げる力を「宇宙項」とし、彼の考える方程式に追加してしまったのです。アインシュタインが追加した宇宙項は、科学的にとても不自然なものでしたが、そんな不自然な宇宙項を追加してまでも、彼は永遠に変化しない宇宙を守りたかったのです。

　しかし、1929年に、アインシュタインの想定をくつがえすある出来事が起こります。
　アメリカの天文学者であるエドウィン・ハッブル（1889～1953）が、遠く離れた銀河を観測するなかで、「宇宙が膨張している」ことを発見したのです。宇宙が膨張しているということは、変化をしていることになります。つまりはアインシュタインが守りたかった「永遠に変化しないで存在し続ける宇宙」という考えが誤りだったことを意味します。
　事実、ハッブルの発見を知ったアインシュタインは、宇宙項を追加したことを「人生最大の誤りである」と認めました。

　ハッブルの「宇宙が膨張している」という発見は、「時間を進めると宇宙は大きくなる」ことを意味します。
　では、時間を巻き戻すとどうなるでしょうか。
　宇宙はだんだんと小さくなっていき、ある1点に集まってきます。科学者たちは、宇宙はその1点で誕生したと考えました。
　そして、宇宙の始まりを説明するための理論として考え出されたのが、『ビッグバン理論』というものです。
　これは宇宙が〝火の玉〟のような熱い状態で生まれたという理論で、1948年にソ連（現：ウクライナ領）出身の理論物理学者であるジョージ・ガモフ（1904～1968）が提案しました。
　今の宇宙は、温度がとても低くて、暗いイメージがあります。

しかし、宇宙が誕生したばかりのころは、広い宇宙にあるすべてのものが1点に押しこまれたような状態になっています。

宇宙のなかにあるすべてのものを1点にギュッとつめこんでいくと、温度が上昇し、高温で圧力がとても高い世界になります。

そのような世界で、ビッグバンが起こり、今の大きさにまで膨張してきたと考えたのです。

ところが、ガモフが提案したビッグバン理論は、大きな批判を浴びることになります。この理論は、今の宇宙の姿からは大きくかけ離れていたうえに、理論を裏づけるだけの証拠もなく、単なる空想話だととらえる人がたくさんいたのです。

👾『宇宙背景放射』によって宇宙の年齢は明らかになっています

そうしたなか、1964年についにビッグバン理論を裏づける証拠が見つかります。高感度アンテナの研究をしていた技術者が、偶然にもビッグバンのときに発生した光をとらえたのです。

ビッグバンのときの光といっても、私たちの目で見えるわけではありません。ビッグバンから宇宙はどんどん膨張してきたので、その影響を受けてビッグバンのときに生まれた光も引き伸ばされています。

そして、電波の一種である〝マイクロ波〟の状態で、宇宙のなかにまんべんなく存在していました。これを『宇宙背景放射』といいます。

宇宙背景放射を詳しく調べていくことで、宇宙に関していろいろなことが明らかになってきました。

その1つが、「宇宙の年齢」です！

最新の観測結果から導き出された宇宙の年齢は、約138億歳です。つまり、今から約138億年前に宇宙は生まれたことになります。

ただし、「どこで生まれたのか」という疑問には、今のところ答えられないのが実情です。なぜなら、生まれたばかりの宇宙は〝1つの小さな点〟のようなものだったからです。

生まれた直後の宇宙は、小さな点のなかに宇宙のすべてがつめこまれ

ている状態でした。ですので、今の宇宙のどのあたりなのかは、よくわかりません。また、宇宙が「どのように」生まれたのかも、未だに謎のベールに包まれています。

　じつはその後の研究により、「宇宙はビッグバンから始まった」という考えは誤りであることがわかりました。科学者たちは、ビッグバンの前に『インフレーション』といって、一瞬にして宇宙全体が大きくなる現象が起きていたのではないかと考えています。ただ、肝心の宇宙が誕生した瞬間のことに関しては、まだまったくわかっていません。

アルベルト・アインシュタイン

なるほど偉人伝 file.03

　ドイツ生まれのユダヤ人の理論物理学者。少年期をドイツのミュンヘンとイタリアのミラノで過ごし、1900年にスイスのチューリッヒ連邦工科大学を卒業。1901年にスイス国籍を取得して、理論物理学で博士号を取得するためにチューリッヒ大学で研究を続ける。

　1905年、『ブラウン運動の理論』『光量子仮説』『特殊相対性理論』に関連する5つの重要な論文を発表する。1916年には『一般相対性理論』を発表して、1921年にノーベル物理学賞を受賞。「20世紀最高の天才物理学者」と呼んでも過言ではない。

　アインシュタインを「原子爆弾の開発者」と思いこんでいる人も多いが、これは誤解である。彼は原子爆弾の製造にいっさい関与していない。

(1879〜1955)

★Answer

宇宙が誕生したのは、約138億年前。ただし、「どこで」「どのように」誕生したのかは……まったくわかっていません！

Q.2 地球と宇宙の"境界線"はどんな状態なの?

難易度 B

♠「どこまでが地球で……どこからが宇宙」の定義はあいまい

結論から先に述べると、地球と宇宙の間に〝境界線〟のようなものはありません。地表から離れるにつれて、大気の濃度が小さくなっていき、だんだんと宇宙空間へとなっていくのです。

とはいえ、国際航空連盟(FAI)は、地上から約100km以上離れた場所を「宇宙と大気圏(大気が存在している範囲)の境界線」と定義しています。これは『カーマン・ライン』と呼ばれるもので、このラインを超えると「宇宙に入った」と見なされているようです。

さらに、アメリカ空軍では「高度約80km以上を宇宙」と見なしていると聞きます。

こうした実態からも、「地上から約100km以上離れた場所が宇宙空間になる」と思って、まず差しつかえはないでしょう。

私たちは地球と宇宙をまるで〝別のもの〟のようにとらえていますが、宇宙全体から見れば、地球も宇宙の一部にすぎないのです。

世界地図に目を向けると、「国境」というラインがたくさん引かれているので、いろいろな境目があるように思いがちですが、実際に宇宙から地球を見てみると、そんなラインはどこにもありません。

地球と宇宙の間も同じです。双方を明確に区分するなにかのラインが引かれているわけではありません。

では、地球と宇宙を区分するポイントはなんでしょうか。
　それは地球を取り巻く大気です。無色透明で、目には見えない大気があるからこそ、私たち人間をはじめ、たくさんの生物が暮らすことができます。そのため、「大気の有無が地球と宇宙の境目になる」といっても、あながち間違いではなさそうです。

　大気の存在は、地球の影響力を推しはかるうえでの〝バロメーター〟にもなっています。大気はとても軽いものなので、宇宙空間に飛び散ってしまってもおかしくないのですが、一定の量が地球の周りにとどまっています。なぜなら、地球の「重力」によって引きつけられているからです。つまり、大気が地球の周りにあることで、「地球がどこまで影響力をおよぼすことができるのかを示している」といえるでしょう。

🛸 大別すると4つの層に分類できる。それぞれの特徴とは？

　地球の大気は、その高度によって、気圧や密度が変化し、温度や性質も変わるのが特徴的です。そのような変化に合わせて、地表に近い順番から以下の4つの層に分類されています。
　①：「対流圏」
　②：「成層圏」
　③：「中間圏」
　④：「熱圏」

　地上から約10kmまでが、①の「対流圏」です。地球の大気の大部分が対流圏に存在します。私たちが生活している場所もこの一部です。
　対流圏では、大気が対流を起こしますが、その原動力になっているのは「太陽光」です。
　太陽光は、地表を温めます。その熱によって大気が温められ、やがて膨張していきます。膨張した大気は、上昇気流をつくり上昇していきますが、高度が高くなるにつれて冷やされることで下降気流を形成します。
　そのようななかで、雲や雨などの気象現象を起こすのです。

地上から約10〜50kmに位置するのが、②の「成層圏」です。

成層圏では、高度が上がるにつれて気温が上昇するのが特徴的です。

なお、成層圏には、地球上の約90％のオゾンが集まっていて、オゾン層を形成しています。オゾン層は、太陽光のなかに含まれている紫外線を吸収し、地上の生物を保護する役割もになっています。

約50〜80kmのエリアが、③の「中間圏」です。

中間圏は、気圧が地表の約1万分の1しかない場所で、高度が上がれば上がるほど気温は下がっていきます。中間圏の最上部の気温は、平均マイナス92.5℃しかなく、地球の大気のなかで一番低い場所です。

地上からの高度が約80km以上になると、④の「熱圏」になります。

熱圏までいくと、大気の密度がとても低くなるのが特徴的です。熱圏では、気体の分子が太陽からやってくる「電磁波（でんじは）」を吸収するため、1つひとつの分子のエネルギーは高くなります。

熱圏がどこまで続いているのかを決めるのはとても難しく、その境界が人によって異なるので、約500〜1000kmと幅があります。大気の密度がとても低く、気体の分子が存在しているものの、環境としては宇宙空間とほとんど変わらないからです。

実際、『国際宇宙ステーション（ISS）』（164ページ参照）が飛行している約400km上空は、熱圏のなかにあります。見方によっては、国際宇宙ステーションは宇宙空間には出ておらず、地球にとどまっているととらえることもできるでしょう。

とはいえ、地表から約400kmも離れてしまえば、「周りに空気はない」といってもいいくらいです。

このように、地球と宇宙の境目があいまいになっていき、ふと気がついたら「宇宙空間にいた」という状況になっているわけです。

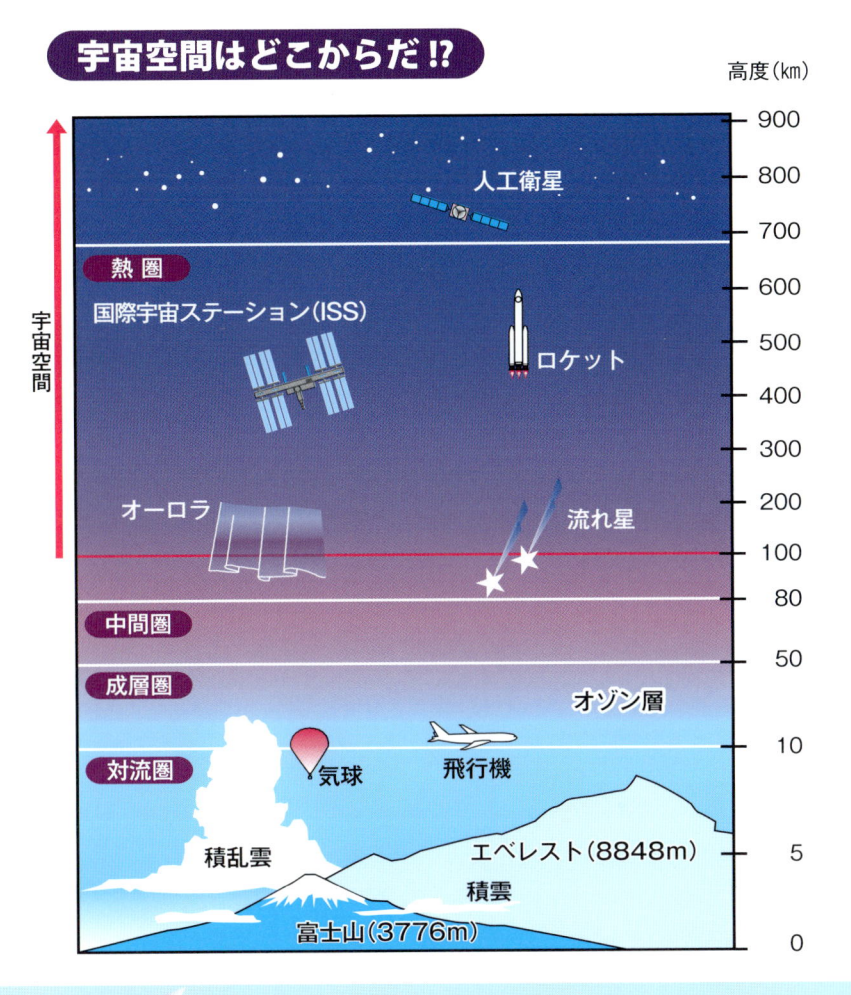

1限目　最新の調査で新事実が続々「宇宙の不思議」の時間

宇宙空間はどこからだ⁉

高度(km)
- 900
- 800
- 700
- 600
- 500
- 400
- 300
- 200
- 100
- 80
- 50
- 10
- 5
- 0

宇宙空間

人工衛星

熱圏
国際宇宙ステーション(ISS)
ロケット

オーロラ
流れ星

中間圏

成層圏
オゾン層

対流圏
気球
飛行機

積乱雲
エベレスト(8848m)
積雲
富士山(3776m)

Answer

明確な境目はありません！
一般的には、「地上から約100kmまでを地球」「それより高い場所を宇宙」と見なすことが多いようです。

Q.3 素朴な疑問です。宇宙はなにでできているの?

難易度 B

🛸 今の段階では……わずか約4.9%しか明らかになっていない

「宇宙」という言葉を聞くと、無数の星がきらめく姿だったり、壮大な「銀河」を思い浮かべることでしょう。

ところが、観測技術の進歩によって、高度な性能をほこる望遠鏡が次々とつくられたことで、星や銀河などは、宇宙全体から見るとわずかな部分でしかないことがわかってきたのです。

ビッグバンのときに放出された光のなごりである『宇宙背景放射』(36ページ参照)を調べてみると、星や銀河を形成している普通の物質は、宇宙を構成する要素の約4.9%しかありませんでした。

残りの約95.1%は……じつはよくわかっていません!

現時点で明らかになっているのは、約26.8%が『ダークマター』で、約68.3%が『ダークエネルギー』でできているということくらいです。

ただし、私たちの目で見ることはできないので、それがいったいなんであるのかは不明なままです。

ダークマターやダークエネルギーは、日本語に訳すと「暗黒物質」「暗黒エネルギー」となります。「暗黒」と聞いて、とてつもなく〝邪悪な〟イメージを持つでしょうが、そうではなく「正体不明(未知)のよくわからないもの」という意味でとらえてください。つまり、「未知の物質」「未知のエネルギー」というわけです。

👾『ダークマター』『ダークエネルギー』の割合は、なぜわかった？

　ところで、ダークマターもダークエネルギーも正体不明であるにもかかわらず、どうしてその割合がわかったのでしょうか。

　この答えのカギを握っているのも、宇宙背景放射でした。

　宇宙背景放射は、宇宙全体にほぼ均一に広がっていますが、10万分の1程度の〝ムラ〟があります。このムラを詳しく調べることで、2つの割合を算出することができたのです。

　ちなみに、物質とエネルギーの大きな違いは「質量の有無」です。

　質量は重さとよく似ていますが、前者は「その物質が持つ基本的な量」で、後者は「重力を受けることで発生する量」を指します。

　物理学では、この2つはハッキリとわけて考えています。

　話がそれましたが、正体がわからないけれども質量があるとされているものをダークマター、質量がないとされているものをダークエネルギーと呼んでいるわけです。

宇宙の構成要素

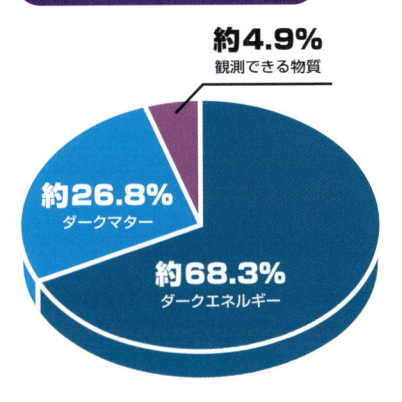

- 約4.9% 観測できる物質
- 約26.8% ダークマター
- 約68.3% ダークエネルギー

明らかになっているのは、星や銀河を形成している物質で約4.9％のみ。残りは……未だ正体不明！

★Answer

宇宙のなかで、星や銀河がしめる割合はわずか約4.9％──。
残りの約95.1％は、正体不明です！

Q.4 宇宙と重力って、どんな因果関係があるの？

難易度 A

🚙「重力」と「電磁気力」だけが直接的に人間が感じられる力

　簡潔にいうと、重力とは、質量を持つもの同士が、お互いにほかのものを引き合う力を指します。チリやガスなどが集まって、たくさんの星や銀河ができるのも、私たちが地球上にいることができるのも、重力という〝力〟が働いているからです。

　宇宙のなかでは、重力はとても大切な存在ですが、それだけで宇宙が成り立っているわけではありません。
　それらを整理していくと、「重力」「電磁気力（電気と磁気の力）」「強い力」「弱い力」の4つに集約できることがわかってきました。
　この4つの力のなかで、私たち人間が直接的に感じられるのは、重力と電磁気力だけです。
　残りの強い力と弱い力は、届く範囲がとても短いので、私たちが直接的に感じることはできません。ただ、原子核をつくったり、原子核の性質を変えたりするときに働く重要な力であることは事実です。
　なお、電磁気力は、私たちの日常生活と深い関係があります。
　たとえば、電化製品が電磁気力で動いているのはもちろんですが、電磁気力があるおかげで、小さな原子核と電子から私たちの身体を形成することができます。摩擦力やものを蹴ったりするときの力など、重力以外に私たちが感じる力には、すべて電磁気力がかかわっているのです。

4つの力のなかで「重力」だけが謎のベールにつつまれている

じつは宇宙で働く力のなかでは、重力が一番弱い力です。仮に電磁気力が、太陽を持ち上げることができるくらいの力を持っていたとすると、重力は、小さな薬のカプセル1つを持ち上げるのがやっと。

にもかかわらず、私たちは「重力が大きな力を持っている」と勘違いしています。なぜでしょうか。それは電磁気力がプラスとマイナスで打ち消し合って〝ゼロ〟になることが多いからです。

一方、重力は電磁気力のように打ち消し合うことがなく、重くなればなるほど大きくなります。宇宙のなかには、重い物質がたくさんあるので、重力の影響が大きいように思えるわけです。

重力以外の3つの力も、宇宙を構成していくうえで欠かすことはできません。ただ、4つの力のなかで、重力だけが未だ謎のベールにつつまれているのも事実です。ほかの3つの力は、力を伝達する「素粒子」によって、物質と物質の間で働くことがわかってきました。重力にも重力を伝達する素粒子があるはずなのですが……まだ未発見です。重力がほかの3つの力より、はるかに弱い理由もわかっていません。

理論物理学の世界では、「ほかの3つの力とは違い、重力は3次元空間以外の異次元にしみ出しているから弱い」という説もあります。

重力の謎を解き明かすことで、この宇宙に異次元の世界があることがわかってくるかもしれないですね。

Answer

重力を含めた4つの力によって、宇宙は成り立っています。
なお、そのなかで一番弱いのは重力です。

Q.5 宇宙は、なぜ真っ暗？ それともそう見えるだけ？

難易度 B

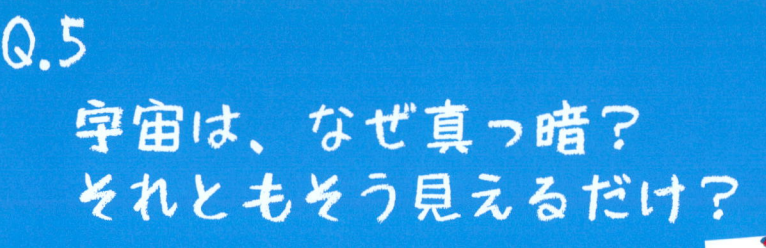

🛸 ビッグバンが起きたときは無数の光でいっぱいだった

　その昔、ビッグバンが起きたころは、宇宙空間は無数の光でいっぱいでした。ビッグバンによって、たくさんの光が放出されたからです。

　その後、宇宙はどんどんと広がっていき、ビッグバン以降はまるで部屋の照明が消えてしまったような暗い状態になってしまったのです。「宇宙」という部屋の大きさは、どんどんと大きくなっていったのに、そのなかを照らすあかりは一瞬光っただけだったからです。

　ビッグバンから約138億年もの時間が経っているのに、それ以降は宇宙全体を照らすような大きな光源はありません。そのため、宇宙空間が真っ暗に見えるのは、ある意味で「当たり前だ」ともいえます。

　ただし、ビッグバンほど大きくはありませんが、宇宙には光を放出する光源がたくさんできるようになりました。

　その代表が、星です！　宇宙にはこれまでに無数の星が誕生し、それぞれが周りに光を放出していますが、宇宙空間はとても広いために全体を照らすまでには至っていません。

🛸 地球上とは違い、宇宙空間には太陽光を反射するものがない

　宇宙空間が真っ暗に見える理由は、宇宙の大きさだけではありません。もう1つあります。

ここで私たちの地球上をさんさんと照らす太陽の光を思い浮かべてください。太陽は、地球から一番近い恒星です。

　私たち地球上の生物は、その太陽が自ら発する光の〝恩恵〟を受けながら生きています。地球の表面が太陽側を向くと、あたり一面が明るくなり昼間になります。太陽と反対側を向くと、光はなくなったように見え、今度は夜になるでしょう。

　でも、宇宙空間に出るとどうでしょうか。

　地球のすぐ近くを飛行する『国際宇宙ステーション（ISS）』（164ページ参照）などから、宇宙を見ると地球は青く見えます。

　ところが、それ以外の場所は黒いままです。太陽から光が届いているはずなので、光が通る部分も明るく見えても良いはずですが……これは光を反射するものがないからです。

　私たちは、太陽光を直接見ているように思いがちですが、実際はそうではありません。私たちが見ているのは、太陽光がなにかにあたったあとの「反射光」です。つまり、昼間に周りが明るいのも、太陽光が大気を構成する小さな分子にぶつかっているからなのです。

　宇宙空間には、光を反射するものがないので、太陽光もぶつかるものがなく通りすぎてしまいます。そのため、私たちの目には真っ黒な宇宙空間が広がっているようにしか見えない――これが真相なのです。

★Answer

「宇宙」という部屋が、とても大きいこと、さらには太陽光を反射するものがないことが、理由として挙げられます。

Q.6 宇宙で最初の星は？すごく興味があります！

難易度 A

🚀 宇宙で初めて誕生した星は……1つだけではなかった

　宇宙で最初に誕生した星を『ファーストスター』といいます。
　皆さんは、「最初に誕生した星は1つだけだ」と思っていませんか。
　じつはそうではありません！　ファーストスターは、1つだけ誕生したわけではなく、同じ時期にたくさん誕生しています。
　ファーストスターとは、どんな星だったのでしょうか——。
　その誕生までの〝軌跡〟を振り返っていきます。

　誕生したばかりの宇宙は、とても小さなものでした。そこにビッグバンが起こって、宇宙はまるで〝火の玉〟のように熱くなります。
　このとき、宇宙空間はエネルギーがとても高い状態になりました。
　やがて、ここから物質や力のもととなる「素粒子」がつくられていきます。つくられた素粒子たちは、最初は無秩序に飛び回って誕生や消滅を繰り返していましたが、ある瞬間から、世界が一変してしまいます。『ヒッグス粒子（素粒子の理論で素粒子に質量を与えるための粒子）』の性質が変化したことで、一部の素粒子が質量を持ったのです。
　そして、素粒子の世界に一定の秩序が生まれました。

　このころになると、いくつかの素粒子がそれぞれ組み合わさったことで、「陽子」や「中性子」が誕生します。

ビッグバン直後の宇宙は、「1兆℃の1兆倍の1億倍」という私たちが想像できないほどの高温状態でしたが、陽子や中性子が誕生したころには、約1兆℃にまで下がっています。
　とはいえ、私たち人間の感覚からすれば、まだまだ信じられないくらいの超高温です。その後も宇宙はどんどん膨張しているので、そのぶん温度は下がっていきます。
　ビッグバンが起きてから3分くらい経つと、宇宙空間の温度は約10億℃になり、陽子や中性子がくっついて原子核が形成されます。ただ、このときにつくられた原子核は、水素・ヘリウム・リチウムといった軽いものばかりでした。
　ビッグバンからわずか3分くらいで、素粒子が生まれ、陽子や中性子ができ、それらが合体して原子核が誕生しました。

　ここまでは一気に進んだのですが、次の段階にいくまでにはしばらく時間がかかります。ビッグバン発生時に比べると、宇宙は冷めてきましたが、まだまだ充分に高い温度の状態だったからです。
　このころの宇宙には、プラスの電気を持った原子核とマイナスの電気を持った電子が無数にありました。両者はお互いに引き合って、くっつこうとしますが、エネルギーが高すぎてなかなかできません。
　このとき、宇宙空間にはビッグバンのときに放射された光もたくさんありました。ただ、それらの光は電気を持った原子核や電子にあたって、まっすぐに進めませんでした。
　光はまっすぐに進みたい……でも、原子核や電子がジャマでまっすぐに進めない状態だったのです。

　このような状態が、約38万年も続きました。
　やがて、宇宙の温度が約3000℃にまで下がってくると、ようやく原子核と電子がくっつき原子ができます。そうなると光は遠くまでまっすぐに進み始めます。
　これを「宇宙の晴れ上がり」といいます。

🛸『ファーストスター』は「超新星爆発」によって一気に消滅！

　原子は、電気的に「中性」ですので、お互いに反発することがありません。しかもこのとき宇宙には、微妙にエネルギーの〝ムラ〟ができていました。そのムラによって、『ダークマター』（42ページ参照）が周りよりもちょっとだけ多い場所と少ない場所ができていたのです。

　ダークマターが多い場所は、周りよりも重力が少しだけ大きいので、周囲にある原子を引きよせます。原子がたくさん集まってくると、重力はさらに大きくなり、よりに多くの原子を引きよせるようになります。

　行列のできる有名店に、その評判を聞きつけたお客さんがたくさん並ぶようなものです。お店の場合は、入店できるお客さんの数は限られますが、宇宙の場合は、集まってきた原子を１つの場所にどんどんとつめこんでしまうのです。

　このとき、宇宙に存在する原子は、水素とヘリウムがほとんどでした。そのため、この場所には水素原子とヘリウム原子で形成された〝ガスの塊〟ができていきました。

　ガスの塊がどんどんと大きくなって、重力が大きくなっていくと、周りから原子が次から次にやってきて、中心部分の圧力もどんどんと大きくなり、温度も上昇します。

　やがて、中心部分では水素原子同士が化学反応を起こし、水素分子を形成し始めます。この反応が起きると、一旦、温度は下がりますが、これによってガスの体積が小さくなり、空間ができます。できあがった空間に周りからさらにガスが流れこんでくるので、結果として、ガスの密度がより高くなるわけです。

　そして、ガスの密度が高くなり続け、温度も再び上がるようになると、水素原子が核融合反応をするようになり、宇宙にできた最初の星・ファーストスターとして輝き始めます。

　ファーストスターが誕生したのは、ビッグバン発生時から約1億～5億年経ってからです。質量は太陽の約40倍もあり、約200万～300万年くらいで「超新星爆発」を起こし、一生を終えたと考えられています。

太陽は、その誕生から約46億年経った現在でも、私たちの真上でさんさんと輝き続けています。それと比べると、とても短い間に一気に燃え尽きていったのがわかるでしょう。

しかし、ファーストスターの爆発によって、次の世代の星たちがたくさん誕生するようになったのも事実です。

やがて、それが太陽、さらには私たちの誕生へとつながっていきます。

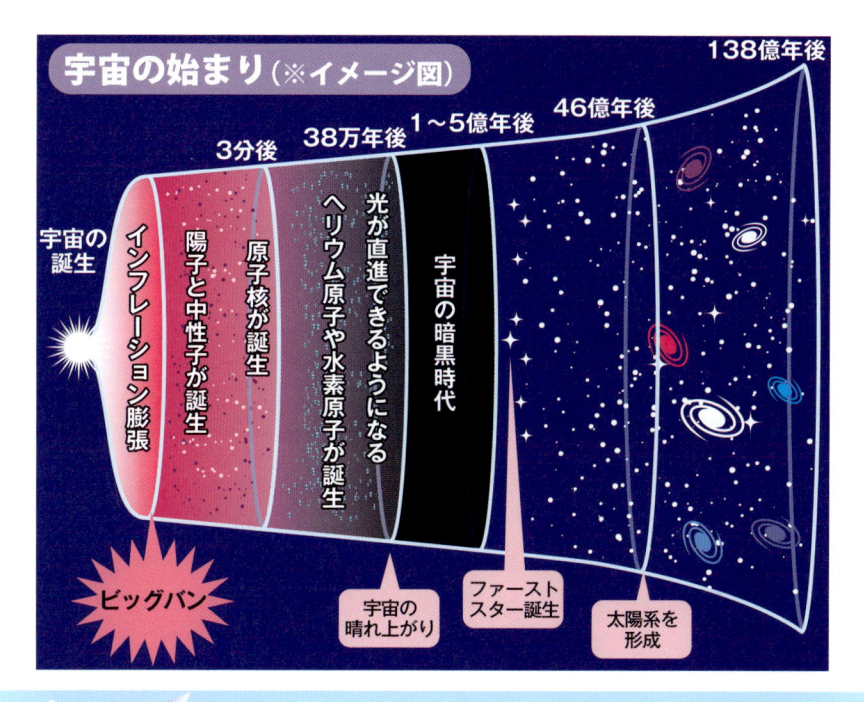

宇宙の始まり（※イメージ図）

- 宇宙の誕生
- インフレーション膨張
- 3分後：陽子と中性子が誕生
- 原子核が誕生
- 38万年後：ヘリウム原子核や水素原子が誕生／光が直進できるようになる（宇宙の晴れ上がり）
- 宇宙の暗黒時代
- 1〜5億年後：ファーストスター誕生
- 46億年後：太陽系を形成
- 138億年後
- ビッグバン

Answer

ビッグバン発生時から、約1億〜5億年の歳月が経ってから、宇宙最古の星である『ファーストスター』が誕生したと考えられています！

Q.7 もしも……ブラックホールに吸いこまれたら？

難易度 B

🚗「重力」が桁はずれに大きく、一度入ると脱出不可能！

　ブラックホールは、SF映画や小説などで「一度入ったら、もう二度と出てくることはできない恐ろしい存在」として位置づけられています。
　長い間、ブラックホールは〝想像の産物〟と思われていましたが、1971年に本当に存在することがわかったのです。

　ブラックホールは、太陽よりもずっと重い星が、その一生の最期に爆発を起こしてできたと考えられています。
　それが「超新星爆発」と呼ばれるものです（50ページ参照）。
　そして、ブラックホールの最大の特徴は、その影響圏内に入ったものをすべて引きよせてしまうことです。その力はとても強く、光さえも一度飲みこまれると二度と外へ出ることができないといわれています。
　ただし、誰も経験したことがないので、これからお話しすることも、あくまで「理論上での話だ」ととらえてください。

　なぜ外へ脱出することが不可能なのでしょうか。
　その秘密は、重力にあります。
　重力は、周りのものを引きよせる「引力」として働きます。
　たとえば、地球上でボールを天高く投げると、おのずとボールは地上に落ちてきますよね。

これは地球で重力が働いているためで、私たち人間が地球上で生活することができるのも、重力のおかげなのです。仮に地球の重力を振り切るには、秒速約11km以上のスピードが必要になります。ロケットはこれよりも速く飛ぶことが可能なので、宇宙空間に出ることができるのです。
　ブラックホールは、この重力が桁(けた)はずれに大きい天体です。
　繰り返しになりますが、地球の場合は、秒速約11km以上のスピードを出すことができれば、地球の重力を振り切ることができます。
　一方、ブラックホールの場合はどうでしょうか。
　じつはどんなにスピードを出しても、ブラックホールの重力から逃れることはできません。この宇宙でもっとも速い光ですら、ブラックホールの重力圏内に入ったら、中心のほうに引きよせられてしまいます。

　ブラックホールの〝重力源〟となる物体は、とても小さなものです。
　しかし、強力な重力によって周りにあるものをすべて引きよせるので、その周りにはなにもないエリアが広がっています。
　このエリアとほかの宇宙空間との境界面が「事象の地平面(地平線)」と呼ばれるものです。
　事象の地平面の大きさは、ブラックホールの重力の大きさによりますが、この地平面を越えてしまったものは、ブラックホールの重力の影響を受けることで、二度と出られなくなってしまいます。
　それは光も、例外ではありません。そのため、ブラックホールは宇宙空間のなかで「光を発しない真っ黒い球」として存在します。光すらも出てくることが不可能なので、誰も見ることはできません。

🪐 形あるものは〝スパゲッティー〟のように細長く伸びてしまう

　たとえば、ブラックホールの近くを巨大な宇宙船が浮遊していたとしましょう。このあと、どうなると思いますか？
　宇宙船が事象の地平面を越えてしまうと、ブラックホールの重力圏内に入ったことになります。そうなると……もう二度と脱出できません。つまり、宇宙船はブラックホールに吸いこまれたことになるわけです。

この様子をブラックホールの外側から見ていると、ブラックホールに近づくにつれて、宇宙船はブラックホールの強い重力の影響を受け、その船体はつぶれて見えます。しかも重力が強くなると光を引き伸ばすので、船体全体が赤っぽく見えるようになります。
　このまま宇宙船は一瞬で消えてしまうはずですが……不思議なことに、ブラックホールに近づくにつれて、船体が進む速度はゆっくりになっていき、事象の地平面付近で止まってしまうように見えるのです。

　ただし、宇宙船のなかに乗っている人から見ると、事象の地平面を越えても時間は止まりません。宇宙船内では、ブラックホールに近づいても時間はいつもと変わらず流れ続けています。つまり、宇宙船内の人にとっては、時間はずっと同じように流れているわけです。
　その後、宇宙船はブラックホールの中心のほうに向かい続けます。引きよせる重力は次第に強くなり、それに伴い、宇宙船は前後に強く引き伸ばされます。形あるものは、まるで〝スパゲッティー〟のように細長く伸びていき、最終的には素粒子レベルまでバラバラに……。
　宇宙船の乗組員に待っているのは、もちろん死です！

　ブラックホールの外となかでは、見える現象がまったく違うものになります。こんな奇妙なことが起こるのは、アインシュタインが提唱した『相対性理論』の効果が現れているからです。相対性理論では、その人の置かれた立場によって、時間の進み方やものの長さが変わってしまいます。
　私たち人間は地球上に住んでいるので、相対性理論の効果をほとんど感じることなく過ごしています。
　しかし、ブラックホールのように極端に重力が大きな場所では、相対性理論の効果がとてもよく現れるようになるので、同じ現象でも見る人の立場によって見え方が違ってくるのです。

1限目　最新の調査で新事実が続々「宇宙の不思議」の時間

ブラックホールの様子（※イメージ図）

❶ ブラックホールに引きこまれる

星

ブラックホール

❷ 徐々に細長く引き伸ばされる

❸ バラバラに引き裂かれてブラックホールに吸いこまれる

★Answer

強力な重力によって、人体はバラバラに引き裂かれてしまいます。
ただし、今まで誰も経験していないので、あくまで「理論上の話」です……。

Q.8 ブラックホールはどうやって見つけたの？

難易度 A

存在の有無をめぐって大論争。発端はアインシュタインの理論

ブラックホールは、光すらも飲みこんでしまうとても奇妙な天体です。

じつはこのような天体が本当に存在するか否かで、長い間、科学者たちは激しい論争を繰り広げてきました。

そのきっかけをつくったのは、アインシュタインが提唱した『相対性理論』でした。相対性理論は、『特殊相対性理論』と『一般相対性理論』の2つにわかれています。

特殊相対性理論は、「時間と空間が伸び縮みをする」ことを明らかにし、これまでの宇宙の常識をくつがえしました。

他方、一般相対性理論は、「大きな重力を持つものは、時空そのものをゆがめる」ことを示しています。ピンと張ったゴムの膜の上にものを乗せると、ゴムがへこむ様子をイメージするとわかりやすいでしょう。

たとえば、ゴムの上に重いものを乗せるとへこむ度合いが大きくなります。同じ重さでも小さいものほど、よくへこみます。つまり、とても重くてとても小さな天体があると、その周りの時空をゆがめてしまうというのが、一般相対性理論なのです。

1916年に一般相対性理論が発表されると、ドイツの天文学者であるカール・シュヴァルツシルト（1873〜1916）が、とても奇妙な天体の存在を示唆しました。

それが……ブラックホールです！

彼は、「一般相対性理論に基づいて考えれば、極端に時空をゆがめていくと特殊な球形の領域が発生し、そこに近い場所では領域の重力によって光が吸いよせられる。たとえ光速であっても、そこから抜け出すことは不可能である」といったことを論じました。

要するに、「ブラックホールが存在する」と理論的に示したわけです。

シュヴァルツシルトの理論によると、「ブラックホールはとても重いものがギュッと小さく押しつぶされることでできる」とされていました。

しかし、いくら理論的に示されたとしても、それが実際に存在するかどうかは別の話——。

ここから科学者たちの長い論争が始まったのです。

🛸 1971年……人類はついにその瞬間にたどり着いた！

シュヴァルツシルトは、理論的にブラックホールが存在する可能性を示しただけですが、1920年代の終わりに具体的な天体でブラックホールができる可能性が示されました。

インド出身の天体物理学者であるスブラマニアン・チャンドラセカール（1910～1995）が、星の一生を研究するなかで、極端に重い星が一生を終えるとブラックホールになることを突きとめたのです。

ところが、この理論は、イギリスの天文学者であるアーサー・エディントン（1882～1944）から痛烈に批判されます。

不幸なことに、エディントンは、一般相対性理論を観測によって初めて検証した人物で、イギリスの天文学界の〝重鎮〟だったのです。

そのために、チャンドラセカールの理論は筋が通っていましたが、天文学界の重鎮であるエディントンが頑として受け入れず、それ以上議論が進むことはありませんでした。

そんななか、1932年にアメリカで「ブラックホール論争」が巻き起こります。ことの発端となったのは、『中性子星』というとても変わった星の存在でした。

普通の星は、原子が集まってできています。原子をよく見てみると、中心にある原子核の部分は、陽子と中性子でできているのです。
　一方、中性子星は、原子ではなく中性子によってつくられている星で、とても重い星が一生を終えたあとに「超新星爆発」（50ページ参照）を起こしてできます。普通の星と比べて、とても小さく、非常に重いのが特徴的です。角砂糖1つ分ほどの体積で数十トンもの重さがあります。
　このとき、ユダヤ系アメリカ人でプリンストン大学の物理学者であったロバート・オッペンハイマー（1904～1967）が、中性子星の重さを計算したところ……「とても重い星が超新星爆発を起こすとブラックホールになる」という結果が導き出されたのです。
　しかし、彼のこの結果に異を唱える人が現れました。
　プリンストン大学の同僚であるジョン・ホイーラー（1911～2008）でした。2人は、何度も何度も計算を繰り返し、お互いの主張をぶつけ合います。そうしたなか、あれだけブラックホールの存在を否定していたホイーラーが、その存在に確信を持つようになったのです。
　なんともおかしな展開ですよね。その後、ホイーラーは、むしろオッペンハイマーよりも積極的にブラックホールの研究を進めていき、「太陽の質量の約30倍以上の星が超新星爆発を起こすとブラックホールが誕生する」という結論に至りました。
　なお、ブラックホールの〝名づけ親〟は、誰であろうホイーラーです！

　理論的には、「ブラックホールは間違いなく存在する」と確信されるようになったのですが、まだまだ頭のなかで導き出された天体であることに変わりはありませんでした。
　実際に観測されたのは、もう少し時間が経ってからです。
　1971年に世界初のX線天文衛星『ウルフ』が、以前から話題になっていた謎のX線源の場所を特定したのです。このX線源の近くには、太陽の約30倍もある巨大な星があり、その星の光を分析すると、なにかの周りを回っているような動きをしていました。
　さらに、その星の動きを詳しく調査してみると……。

その星の近くに太陽の約10倍近い質量の天体があるはずでしたが、あるべき場所をいくら観測しても、なにも見えませんでした。

　じつはこれが人類初のブラックホールを観測した瞬間だったのです！このブラックホールは、『はくちょう座X-1』と名づけられました。

　なお、現在では、ブラックホールは、太陽の約30倍以上の星が死んだあとにできると考えられています。ただ、このような星は数え切れないほどあります。そのため、「宇宙空間にはまだまだ無数のブラックホールがある」と見られています。

【ブラックホールのイメージ（左）】
ブラックホールそのものは見えないが、周りのガスを吸いこむことで、周囲にガスの円盤ができることがある　　（出典：NASA）

【ブラックホールのイメージ（右）】
近づくものをすべて飲みこんでしまうブラックホール。その果てはいったいどのようになっているのだろうか……（出典：NASA）

★Answer

ブラックホールは、たくさんの科学者が激しい論争を繰り返した末に、X線天文衛星による観測で発見されました。

Q.9 超巨大なブラックホールが電波観測によって発見！？

難易度 B

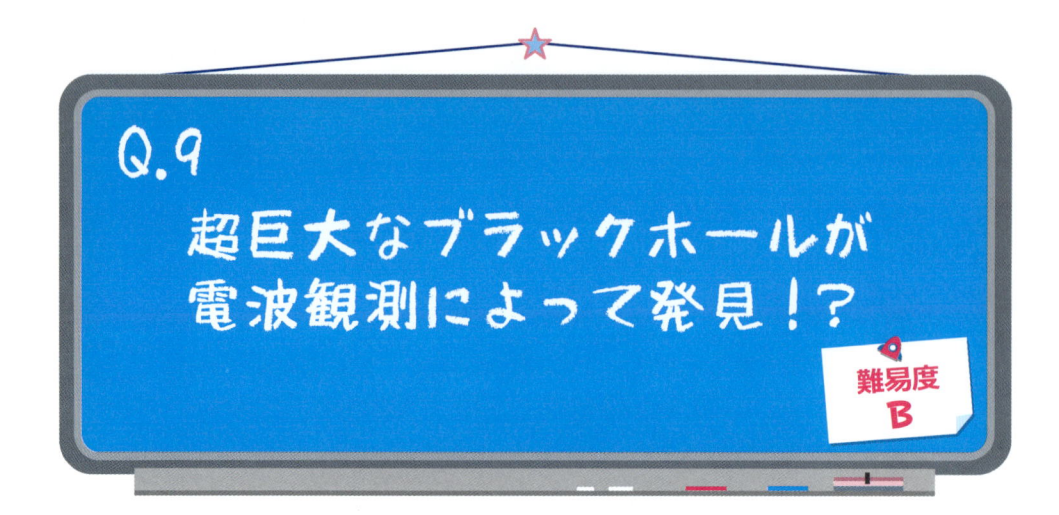

🚙 **新たな観測方法で前代未聞のブラックホールの存在を確認**

　ブラックホールは重い星が死んだあとにできるとお話ししましたが、その多くは、太陽の数十倍〜数百倍程度と考えられていました。

　ところが、こうしたブラックホールとは大きさが桁違いの超巨大なブラックホールが発見されるようになりました。

　その大きさは、じつに太陽の約100万倍〜10億倍!!

　超巨大なブラックホールの発見には、「電波天文学」がとても深く関係しています。1609年以降、天体観測は「可視光（目に見える光）」のみでおこなわれていました。

　そんななか、1932年にアメリカの物理学者で、無線技術者でもあるカール・ジャンスキー（1905〜1950）が、宇宙からやってきた〝電波〟をとらえたのです。

　これが電波天文学の始まりでした。

　そして、宇宙からの電波を観測することで、銀河のなかに強い電波を発信している部分があることがわかりました。

　さらに、銀河のような広がりのある電波源ではなく、星のような点にしか見えない電波源も見つかってきました。この謎の電波源は、数百個も発見されたのですが……正体は不明のまま。

そこで「星ではないかもしれないが、星のように見える天体（準恒星状天体）」という意味から『クェーサー』と命名されました。

🔭 地球から約2億2000万光年先にある『クェーサー』の正体とは？

長い間、クェーサーの正体はわからないままでしたが、1963年にオランダからアメリカに渡った天文学者のマーテン・シュミット（1929～）によって解き明かされました。

クェーサーは、ものすごく遠くの宇宙で、信じられないほど明るく輝く小さな〝天体〟だったのです。明るさの規模とX線源の小ささから考えて、周りからガスを吸いこんでいるブラックホールであることもわかってきました。しかも星が死んだあとにできるものよりも、桁違いの大きさをほこる超巨大ブラックホールだったのです！

その後の研究で、クェーサーとして観測していた超巨大ブラックホールは、銀河の中心に位置していることがわかりました。また、私たちがいる「銀河系」の中心にもブラックホールの存在がわかってきました。このブラックホールは、少し小ぶりですが、それでも太陽の約400万倍近い重さを持っていると考えられています。

カール・ジャンスキー

なるほど偉人伝 file.04

アメリカの物理学者で、無線技術者。「電波天文学」の開始者として知られている。

オクラホマ州に生まれ、ウィスコンシン大学で学んで、1927年に学位を取得。

翌1928年からニュージャージー州にあるベル研究所に入所し、あらゆる方向に向けられるアンテナを設置して、短波の研究に従事する。

その後、数カ月かけて全方向からの入力信号を記録したのち、3種類の未知なる電波雑音を確認した。

さまざまな研究の結果、3種類の未知なる電波雑音は、銀河系の中心（天の川の方向）から発信されていることを突きとめることに成功する。

これが「電波天文学の始まり」といわれている。

（1905～1950）

現在、発見されているなかで最大のブラックホールは、地球から約2億2000万光年離れた銀河『NGC1277』の中心部にあるものです。
　このブラックホールは、太陽の質量の約170億倍と考えられています。NGC1277の大部分をしめていて、今までの銀河の中心のブラックホールとは〝一線を画す〟といえるでしょう。

　これまでの研究によって、銀河の中心にブラックホールがつくられていることは、ほぼ間違いないようです。
　ただし、銀河の中心にどうしてブラックホールができるようになったのかは、未だに謎のベールにつつまれています。

★Answer

銀河の中心に超巨大なブラックホールが存在することは明らかになっています。ただし、なぜできるようになったのかは、未だに謎のままです！

2限目

地球に一番近い存在！ 「太陽」と「月」の時間

Q.10 太陽は、いったいどうやって光っているの?

難易度 A

🚙 太陽は絶えず大量のエネルギーを地球に降りそそいでいる

　私たちは、常に太陽の光に照らされて生きています。

　雨や曇りの日は、照らされていないようにも思えるでしょうが、それは雲によってさえぎられているだけの話です。たしかに晴れの日よりは暗くなりますが、一部の光は雲を突き抜けて地上まで届きます。そうしないと、夜のように真っ暗な状態が続いてしまうでしょう。

　たとえ夜であっても、地球の裏側が太陽の光に照らされているので、地球全体から見れば、その光を絶えず受け取っていることになります。

　地球は、1平方kmあたり約1.4キロワットものエネルギーを太陽から受けています。仮に地球に降りそそぐ太陽のエネルギーをすべて電気にすることができれば……1年間に地球全体で消費する全エネルギーを、わずか1時間でまかなうことができるそうです。

　太陽の表面温度は約6000℃で、中心部分は約1500万℃もの高温状態になっています。いわば、太陽は〝エネルギーの塊〟のような状態で、大量の熱と光を宇宙空間に放出し続けているのです。

　これほどまでの膨大なエネルギーを、太陽はどのようにして生み出しているのでしょうか。

　よく私たちは、太陽が大量の熱と光を放出する姿を見て「太陽が燃えている」といいます。

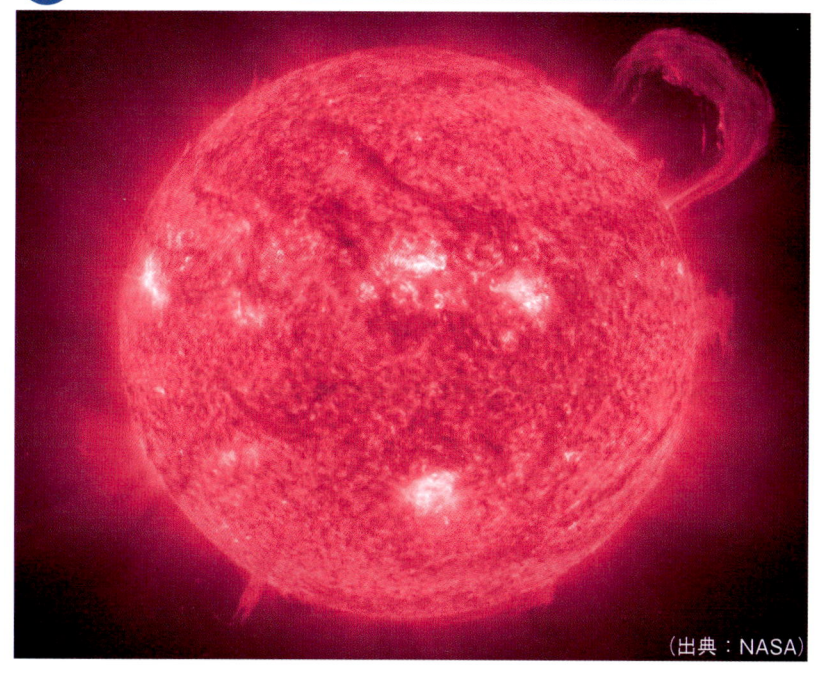

2限目　地球に一番近い存在！「太陽」と「月」の時間

◉ 太陽　Sun（サン）

（出典：NASA）

基本データ

【直径（大きさ）】
約139万2020km
（地球の約109倍）

【質量（重さ）】
地球の約33万倍

【自転周期】
約609.12時間

【地球からの距離】
約1億4960万km

【平均温度】
表面温度：約6000℃
黒点：約4000℃

【大気の成分】
- 水素　73.46%
- ヘリウム　24.85%
- そのほかに　窒素／硫黄／ネオン／鉄／炭素／酸素／シリコーン／マグネシウム

【構造】
- 中心核
- 放射層
- 対流層

まるで紙や木などが燃えるのと同じようなイメージでとらえているわけですが……太陽の「燃える」と紙や木などが「燃える」とでは、その仕組みが根本的に違います。

　たとえば、紙が燃えるのは、紙をつくる分子が空気中の酸素分子と化学反応を起こしているからです。いわゆる〝燃焼〟という現象です。

　このとき、熱と光は出ますが、せいぜい数百℃程度しかありません。

　一方、太陽の場合は、その内部で燃焼が起きているわけではないのです。太陽は、水素とヘリウムが主成分の巨大なガスの塊なので、水素ガスを燃やしても良さそうですが、そういうわけにはいきません。宇宙には燃焼に必要な酸素がないからです。しかもただ水素ガスを燃やしただけでは、あれほど大量の熱や光をつくり出すことは不可能です。

🪐 大量のエネルギーをつくることで……その身を削っていた！？

　太陽の内部では、いったいなにが起こっているのでしょうか。

　太陽の主成分である水素とヘリウムは、とても軽い気体です。

　しかし、軽い気体でも大量に集まると中心部分に向かって大きな重力が生まれます。太陽の質量（重さ）は、地球の約33万倍もあり、重力はとても大きいものです。

　この重力によって、主成分の水素とヘリウムがギューッと押し縮められることで、中心部分の圧力や温度が高くなり、熱核融合を起こします。太陽内部の熱核融合は、水素原子（陽子）が4つ集まり、1つのヘリウム原子核に変化してしまうものです。また、その際に2つの『ニュートリノ』（74ページ参照）と2つの「陽電子」ができます。……文章にするとサラリと読めてしまいますが、これはものすごいことなのです！

　燃焼の場合は、紙をつくる炭化水素の分子が酸素とくっつくことで、紙が二酸化炭素や炭素に変化してしまうように、ある物質が別の物質になります。これは分子をつくっている原子のくっつき方が変化するから起こる現象です。原子のくっつき方が変わっても、分子のもととなる原子そのものは変化しませんでした。

太陽内部のエネルギー

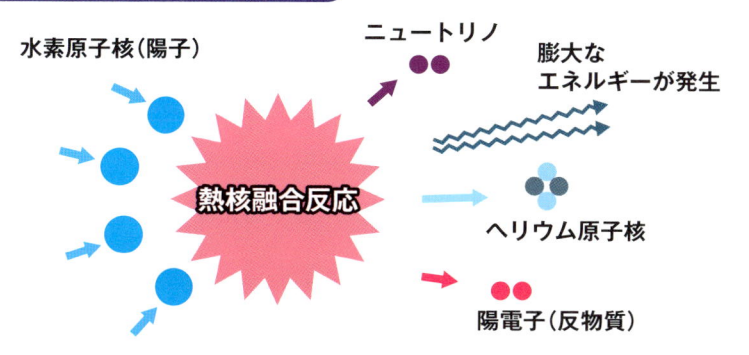

水素原子核(陽子) / 熱核融合反応 / ニュートリノ / 膨大なエネルギーが発生 / ヘリウム原子核 / 陽電子(反物質)

　しかし、熱核融合の場合は違います。
　物質を構成する原子そのものが変化して、根本から違う物質になってしまいます。熱核融合が起きると、大量のエネルギーがつくられて熱と光を発しますが、同時に太陽は質量を失ってしまうのです。
　太陽は1秒間に約40億kgもの質量を失いながら熱核融合を起こし、絶えずエネルギーを生み出し、周囲に放出し続けています。
　そして、そのエネルギーを受け取ることで、私たち人間を含む地球上の生物は日々活動をしているのです。
　太陽は、まさに〝骨身〟を削って、「私たちに生きる糧を与えてくれている」といっても過言ではないでしょう。

🚙 人類はここまで知ることができた！ 太陽の内部と外部の構造

　ここからは、太陽の構造に関してお話ししておきましょう。
　太陽を輪切りにしてみると、いくつもの層にわかれます。

　中心には、熱核融合によってエネルギーをつくる「中心核」があります。
　中心核は、水素とヘリウムが押し縮められていて、約1500万℃の超高温で、約2500億気圧という超高圧状態になり、水素原子が熱核融合を起こしているのです。

中心核の外側には、「放射層」「対流層」という2つの層ができています。
　この2つの層は、中心部分で生み出された膨大なエネルギーを太陽の表面まで運ぶ役目をになっています。
　その外側にうすく広がっているのが、私たちが普段見ている「光球（こうきゅう）」と呼ばれる層です。太陽の直径（大きさ）は、この光球部分を測定しており、太陽の表面となる部分でもあります。
　なお、光球の温度は約6000℃にまで達するようです。

　太陽の内部は、このような構造になっていますが、光球の外側にも太陽の活動に深く関係している層があります。
　それが「彩層（さいそう）」と呼ばれる〝希薄なガスの層〟です。彩層は、地球の大気にあたるような部分で約2000kmほどの厚さがあります。また、彩層の外側は、電気を持ったガスの層である「コロナ」になっています。

　太陽は、中心核から光球に向かって膨大なエネルギーが常に運ばれており、そのエネルギーによっていくつもの爆発現象が起こります。
　その代表例が、「フレア」と呼ばれるものです。
　フレアは、太陽の内部の〝磁場〟による影響で、突発的に起こり、X線やガンマ線などを放出します。そのため、大規模なフレアが起きると地球にも大きな影響をおよぼします。特に影響を受けるのが、地球の周りを飛んでいる人工衛星です。フレアによって発生した強力なX線やガンマ線などによって故障してしまうケースもあると聞きます。
　爆発とは少し違いますが、彩層のガスの一部がコロナにまで噴き上げて赤い炎のように見える「プロミネンス」も、太陽の表面で起こるダイナミックな活動の1つです。

2限目　地球に一番近い存在！「太陽」と「月」の時間

太陽の構造

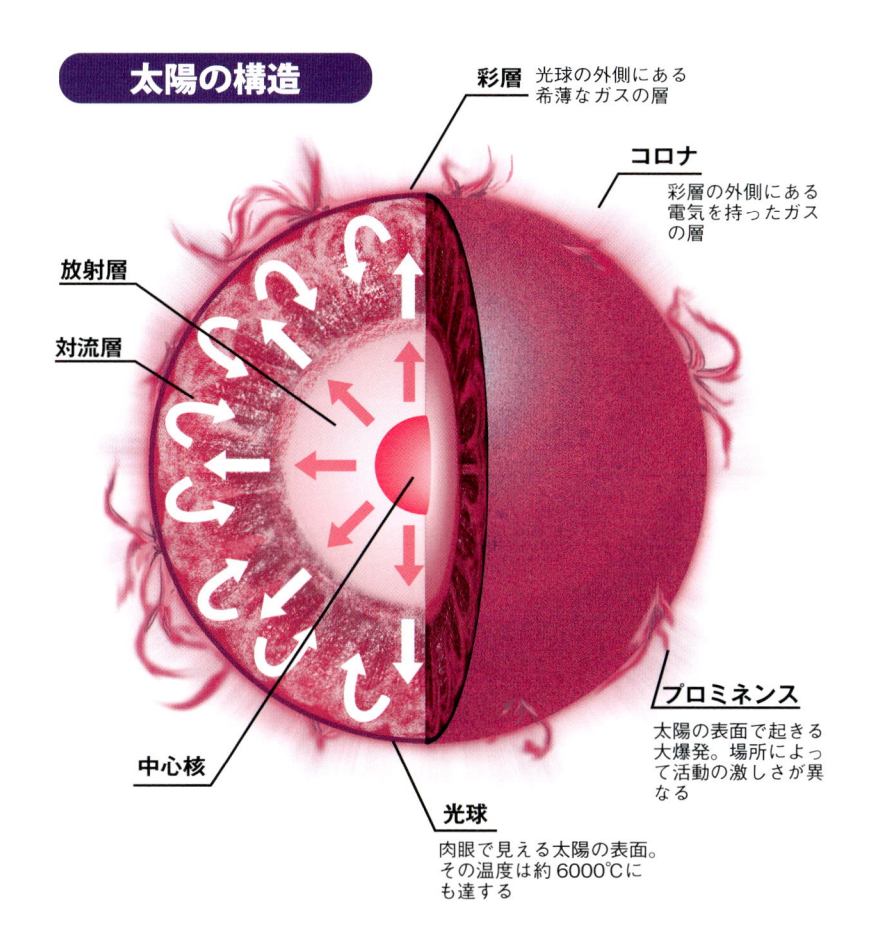

- **彩層**：光球の外側にある希薄なガスの層
- **コロナ**：彩層の外側にある電気を持ったガスの層
- **放射層**
- **対流層**
- **中心核**
- **光球**：肉眼で見える太陽の表面。その温度は約6000℃にも達する
- **プロミネンス**：太陽の表面で起きる大爆発。場所によって活動の激しさが異なる

★Answer

太陽の中心部分で、熱核融合を起こして光っています。

Q.11 太陽にも〝ホクロ〟があった。なにか意味があるの?

難易度 B

🛸 ガリレオの発見以降、約400年以上も観測が続けられている

太陽の表面を詳しく観測してみると、ところどころに〝ホクロ〟のような黒い点があることに気がつくでしょう。これが「黒点(こくてん)」と呼ばれるものです。太陽の表面温度は約6000℃ですが、黒点の部分は約4000℃と温度が少し低くなっています。

なお、黒点を最初にハッキリと観測したのは、ガリレオ・ガリレイでした(23ページ参照)。黒点の観測は、彼が発見した以降も、約400年以上も続けられており、その積み重ねによって、太陽では11年周期で黒点の増加と減少が繰り返されていることがわかってきました。

🛸「黒点(こくてん)」の数が多い時期が「極大期(きょくだいき)」。少ない時期が「極小期(きょくしょうき)」

黒点の数が増減するのは、「太陽内部の活動と関係している」といわれています。いったいどのように関係しているのでしょうか。

ここで黒点のでき方を見てみましょう。太陽も地球と同じように内部で磁場を形成しています。太陽は大きな〝球体〟ですが、ガスでできているため球全体が同じ速度で自転しているわけではありません。

太陽は、赤道付近では約27日間で1周するのに対し、北極や南極部分では約32日もかかってしまいます。つまり、緯度が高くなるごとに自転の回転速度が遅くなるのです。その影響で、赤道と水平方向に小さな磁場が生まれ、「磁束管(じそくかん)」というものをつくります。

ここで67・68ページでお話しした太陽の構造を思い出してください。
　表面の「光球（こうきゅう）」の真下には、「対流層」というものがありましたよね。これは「中心核」でつくり出したエネルギーを光球に運ぶ役割をになっており、文字どおり、なかのガスが対流しています。
　磁束管は、この対流の影響を受けて、太陽の表面から飛び出してしまうことがあるのです。磁束管が表面から飛び出した部分は、周りよりも温度が低くなるために黒っぽく見えるようになります。
　この部分が、黒点なのです！

　黒点は、太陽の磁場や対流活動の影響によってできるものなので、仮にたくさん出現していると、太陽の活動が活発になっていることがうかがえます。黒点がたくさん現れる「極大期（きょくだいき）」には、一度に約100個以上も観測されるケースもあるようです。逆に、黒点が少ない「極小期（きょくしょうき）」には、太陽の活動がおとなしめであることがわかります。

　通常、約11年周期で極大期と極小期を行き来する太陽も、その周期が崩れるときがあります。1650〜1715年にかけて黒点がほとんど現れなかった「マウンダー極小期」が、その1例です。
　この時期は、ヨーロッパで寒冷な気候が続いたので、黒点の極小期と地球の気候には関連性があるのではないかと考える専門家もいます。
　しかし、その真相は、未だにわからずじまいです。

★Answer

太陽の表面温度が低い部分が、「黒点」。黒点が現れる数によって、太陽が活動的か否かがわかります。

Q.12 幻想的なオーロラは太陽と深い関係にある?

難易度 C

👾 意外な事実! オーロラは太陽がないとできない現象

　暗い夜空に緑色や赤色の光が、まるで〝カーテン〟のようにたなびく、とても幻想的な現象——それがオーロラです。

　じつはオーロラは、太陽がないとできません。オーロラの光は、電気を持った粒子が地球の大気にぶつかることで発生しています。その粒子がどこからやってきたのかというと、太陽からなのです。
　68ページで、「太陽の周りには〝彩層〟と〝コロナ〟と呼ばれる大気の層がある」とお話ししました。
　コロナは、電気を帯びた粒子によってできています。コロナは外側にいけばいくほど、太陽からの重力や磁場の影響が弱くなるので、コロナの一部は太陽から離れて、宇宙空間に放出されます。
　このように、太陽から放出された電気を帯びた粒子の集まりを「太陽風」と呼び、1秒間に約300〜500kmものスピードで宇宙空間をかけ抜けます。これほどの速さでやってくると、無数の太陽風の粒子が地球と衝突してしまいそうですが、そうはならない仕組みがあるのです。

👾 木星・土星・天王星など地球以外の太陽系の惑星でも発生!

　太陽風の粒子が地球とぶつからないのは、なぜでしょうか。
　そのカギを握るのが……地球の磁場です。

2限目　地球に一番近い存在！「太陽」と「月」の時間

　太陽風が地球の近くまでやってくると、地球の磁場の影響を受けて、進行方向を少し変化させます。具体的には、地球の磁場によってつくられる「磁力線」に沿って飛ぶようになります。

　地球は太陽風が吹きつける真っ只中にあるので、その影響で太陽と反対側に位置する磁力線、つまりは夜側の磁力線が長くたなびくようになっているのです。その部分に「プラズマシート」というものができ、太陽風としてやってくる粒子の一部をためこんでいきます。

　プラズマシートにためられた粒子は、磁力線にしたがって、北極や南極の近辺の空へと移動していき、そこで大気にぶつかり、オーロラをつくるのです。つまり、太陽風が地球にやってくることによって、初めて私たちはオーロラを目にすることができるわけです。

　なお、オーロラの〝原料〟となる太陽風は、地球を通り越して太陽系の果てまで届きます。そのため、地球だけではなく、木星・土星・天王星・海王星といったたくさんの惑星でも発生します！

Answer

地球の北極や南極地方で見られる幻想的な現象・オーロラは、「太陽風」の粒子によってつくられます。

Q.13 『ニュートリノ』を観測すれば太陽の中心まで丸見え!?

難易度 A

🛸 科学者の多くが注目する『ニュートリノ』とは、なにか？

　私たちは、毎日当たり前のように太陽を見ていますが、実際に目にしている太陽の姿は、じつは表面部分のみ。太陽の内部が実際にどうなっているのかは、まだまだわからないことだらけなのです。

　人類は、X線をあてることで自分の体内をはじめ、いろいろなものの内部を調べることができます。太陽の場合はそうはいきません。

　太陽自身、X線や紫外線など、さまざまな〝波長〟の「電磁波」を発生させるので、それらをあてて内部を見ることはできないのです。

　そこで注目を集めているのが、『ニュートリノ』です。

　2002年にニュートリノの観測で小柴昌俊氏（1926～）がノーベル物理学賞を受賞し、大々的なニュースになりましたので、この言葉を聞いたことがある人も多いでしょう。簡潔にいえば、ニュートリノとは、この宇宙を形成している「素粒子」の一種です。重力や電磁気力などに反応しないので、ほとんどすべての物質を突き抜けてしまいます。そのため、私たちはその存在にまったく気づきません。

　でも、粒子の数で比べてみると、宇宙で一番多く存在しています。

　そして、太陽の「中心核」でもたくさんのニュートリノが生み出されているのです。水素原子核が熱核融合するときに、同時にニュートリノも生まれています。

このようにしてできたニュートリノが、地球にもたくさん降りそそいでいるのです。その数は、1秒間で1平方cmあたり約660億個ほどです。仮に私たち人間が、ニュートリノを見ることができたら……雨のように空から降っているように見えたかもしれませんね。

🛸『ニュートリノ』の観測によって未知なる世界が見えてきた

　太陽の中心部分で形成されたニュートリノを観測すれば、太陽の中心部分の様子がよくわかるようになります。

　事実、岐阜県の神岡鉱山の地下にある『スーパーカミオカンデ』では、太陽からやってくるニュートリノの観測がおこなわれました。

　スーパーカミオカンデは、地下約1000mにある実験装置なので、普通の光は届きません。にもかかわらず、太陽の画像をしっかりと映し出すことに成功しました。つまり、地下に届くニュートリノをとらえた画像をつくることができたのです。

　ニュートリノによる観測から映し出された太陽の画像を見てみると、ニュートリノは、太陽の中心部分で大量につくられていることがわかります。太陽のニュートリノは、熱核融合によってつくられるので、この画像によって、熱核融合が中心部分で活発に起こっていることが視覚的にも示されました。

　ニュートリノを調べる技術が、さらに進歩すれば、太陽の中心部分のことが今以上に詳しくわかるようになるでしょう。

⭐Answer

光などの「電磁波」では、太陽の内部は見れませんが、『ニュートリノ』を観測すれば見ることが可能です！

Q.14
ところで……
月はどうやってできたの？

難易度 B

🪐 地球と月は運命的に出逢った？『ジャイアント・インパクト』説

　月は、私たち人間にとって身近な存在ですが、太陽と同様にまだまだ解明されていない謎がたくさんあります。
　その1つが、月の起源です！
「太陽や地球が誕生した直後に、月はできた」──。
　一般的には、このように考えられていますが、月の誕生にはいくつもの説が唱えられていて、未だ〝決定打がない〟のが実情です。
　ただし、そのなかでも最有力な説とされているものはあります。
　それが『ジャイアント・インパクト（巨大衝突）』説です。
　太陽は、宇宙空間をただようチリやガスが集まって誕生しました。
　このとき、太陽の周りには、まだたくさんのチリやガスが残っており、それらが太陽の周りに円盤のように集まっていきました。
　そして、その円盤のなかで「微惑星」と呼ばれる小さな天体がたくさん生まれたのです。誕生した無数の微惑星は、周りの微惑星と衝突を何度も繰り返し、大きくなり、だんだんと惑星らしくなっていきます。
　この初期のころの惑星を「原始惑星」と呼んでいました。

🪐 月の誕生の最有力説を支持する証拠が見つかり始めている

　地球にも「原始地球」の時代がありました。
　このころは、まだ地表はかたまっておらず、ドロドロの状態で、微惑

星がひんぱんに衝突を繰り返したことで大きくなっていったのです。

そして、だんだんと地球が形づくられていくなかで、火星ほどの大きさをした巨大な原始惑星が繰り返し衝突する時期が訪れます。

これが『ジャイアント・インパクト』と呼ばれるものです。

地球に巨大衝突がいったいどれほどの回数であったのかはよくわかっていません。ですが、衝突の衝撃で、原始地球のマントル物質の一部が宇宙空間に飛び散っていったと考えられています。

その後、大部分の物質は、地球の重力に引きよせられて地球に戻っていきましたが、地球の周りに残った物質がだんだんと1カ所に集まり、月になったというストーリーがつくられています。

以上が、ジャイアント・インパクト説の簡単なあらましです。

この説は、まだ証明されたわけではないので、本当にこのような流れで月ができたのかはわかりません。ただ、説を支持する証拠がいくつか見つかっています。

その1つが、核の大きさです！

月にも地球と同じように金属でできた核がありますが、その大きさは約2％しかありません。月が地球のように微惑星が衝突してできたのであれば、金属の核は約30％はあるはずなのですが……極端に少なくなっています。このことから、月がジャイアント・インパクトで飛び散った地球のマントル物質がかたまったものであるという説に信憑性が高いと考えられているようです。

⭐Answer

月の誕生の答えは、ハッキリとはわかっていませんが……「地球に巨大な惑星が衝突してできた」という説が有力です。

Q.15 いつも同じ模様に見える月には表と裏はない？

難易度 C

🚗 地上から見える月の模様はいつも同じ……その意外な秘密

　月の表面は、明るく光っている部分と暗い影のように見える部分とがあります。暗い部分は、いくつもつながっていて、まるでなにかの模様のようにも見えます。日本では、この模様が〝ウサギの餅つき〟にたとえられていることはご存じでしょう。

　ところで、月は地球と同じように自転をしていますので、ウサギの模様が見える位置が変化するはずだとは思いませんか。
　理論上は、そのとおりなのですが、地球上からは、月の同じ部分しか見ることはできません。これには、次のような理由があります。

　じつは月は自転と公転の周期が一緒なのです！
　自転とは、コマのように軸を中心にして、その天体自体が1回転することをいいます。公転とは、天体が一定の周期で、ほかの天体の周りを1周することです。
　月の場合は、地球の周りを約27日かけて1周します。自転はとてもゆっくりで、これも約27日で1回転します。
　月は自転と公転が同じスピードなので、仮に自転によって身体の向きが変わっても、そのぶん公転によって位置が動くために、地球から見るといつも同じ部分しか見えないようになっているのです。

2限目　地球に一番近い存在！「太陽」と「月」の時間

🌙 人間の性格に裏表があるように月にも〝2つの顔〟があった！

　さて、ウサギの模様がある側を月の表側とすると、当然に裏側もあります。ただ、人類は長い間、裏側を見たことがありませんでした。

　少なくとも人類が誕生してからは、太陽と月・地球の位置関係から、いくら頑張っても地球上から月の裏側を見ることは不可能だったので、当然といえば、当然でしょう。そのため、月の裏側がどうなっているのかは、想像力を働かせるしかありませんでした。

　ところが、ロケットがつくられるようになると状況は一変します。

　宇宙に人工衛星や探査機を送りこむことで、人類は宇宙の様子をより詳しく知ることができるようになりました。

　そして、1959年10月に打ち上げられた月の探査機『ルナ3号』によって、誰も目にしたことがなかった月の裏側を初めて見ることに成功したのです。ルナ3号から送られてきた月の裏側の映像は、今まで人類が目にしてきた表側とは大きく異なるものでした。

　たとえば、月の表側には「海」と呼ばれる部分があったのに、裏側にはまったくなかったのです。また、裏側は「クレーター」だらけの非常にデコボコした世界が広がっていました。しかも月の地殻を調査してみると、裏側のほうが約15km厚いことも判明しています。

　月の表と裏の姿がまったく違うのは、月が誕生してからたどってきた歴史と大きく関係しているのです。

⭐ Answer

月にも表と裏はあります。
ただし、その姿はまったく異なります。

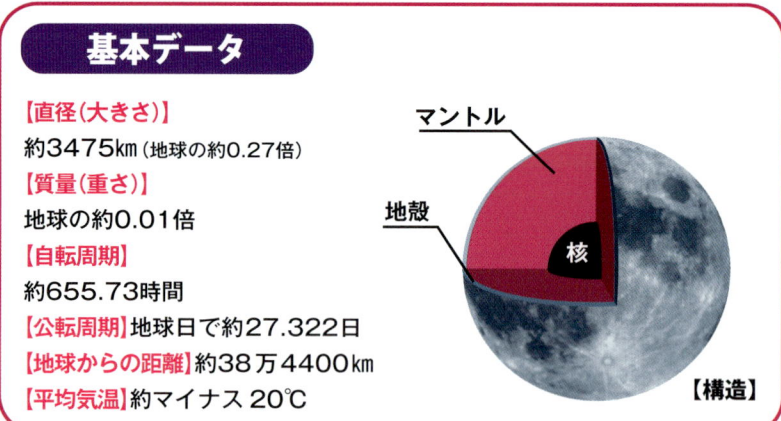

ジャイアント・インパクト説（※イメージ図）

❶ 原始地球に火星サイズの巨大な原始惑星がななめから衝突!!

❷ 衝突の衝撃で原始地球のマントル物質の一部が宇宙空間に飛び散る

❸ 放出された物質の一部は地球に落下する。残りは地球の周りをグルグルと回る

❹ 1カ月ほどで地球の周りにただよう残った物質が1カ所に集まって月の原型を形成!!

基本データ

【直径（大きさ）】
約3475km（地球の約0.27倍）
【質量（重さ）】
地球の約0.01倍
【自転周期】
約655.73時間
【公転周期】地球日で約27.322日
【地球からの距離】約38万4400km
【平均気温】約マイナス20℃

【構造】
マントル／地殻／核

2限目 地球に一番近い存在！「太陽」と「月」の時間

月の表
（出典：NASA）

月の裏
（出典：NASA）

Q.16 地球と比べて、月に「クレーター」が多いワケは?

難易度 C

🚀 地球のように大気や水がないので「いん石」の痕跡はそのまま

月は地球とともに誕生しましたが、そのころの姿と比べると、現在の姿は大きく異なっています。地球は表面に水を湛え、たくさんの生命が暮らす豊かな天体になりました。

でも、月は「クレーター」だらけの荒れ果てた大地が広がるだけです。

隣り同士の天体なのに、どうしてこんなにも差がついてしまったのでしょうか。その理由をちょっとお話ししておきます。

月と地球の命運を大きくわけたのは、重力の違いです。月の重力は、地球の約6分の1で、地球のように大気や水を表面にとどめておくことができませんでした。地球には大気と水があるおかげで、地表が削られたり、風化したりして変化します。仮に小惑星（いん石）がぶつかったとしても、その痕跡は長い歳月の間に消し去られていくのです。

月の場合は、地球のように大気や水がありません。そのため、小惑星がぶつかった部分はクレーターとしてそのまま残っています。

🚀 月の「クレーター」を探れば……地球の歴史も見えてくる

月の表面には、誕生から現在までのあらゆる歴史がほとんど消去されずにクレーターという形で残っています。地球上では、その痕跡が残っていない誕生直後の宇宙の状況も、月の表面には残っているはずです。

それらの情報をひも解いてみると、誕生後しばらくは月の表面にたくさんのいん石が落ちていたことがわかります。また、隣りに位置する地球も同じように、たくさんのいん石が飛来したと考えられています。
　月のクレーターは、約46億年間というとてつもなく長い歳月におよぶ月の記憶を封じこめた〝タイムカプセル〟のようなものだといえるかもしれません。「地球は？」……こちらは誕生したばかりのころの記憶もその後に起こったこともすっかり忘れ去られてしまった状態です。
　「初期の地球になにがあったのか？」──その謎を知る手がかりとして、月のクレーターが重要な役割をになっているのは間違いありません。

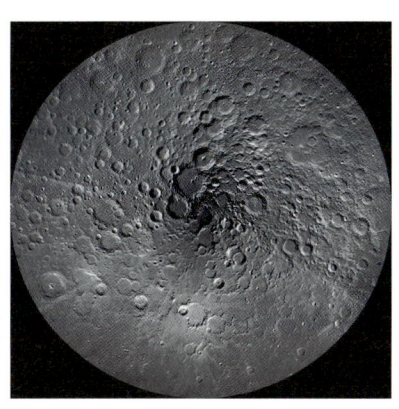

【クレーターの写真（左）】
　地球のように大気や水がないため、表面に無数の凹凸（クレーター）が存在するのがわかる　　　（出典：NASA）

【クレーターの拡大写真（右）】
　月面に降り立った宇宙飛行士たちは、この様子を見て、どんな想いにかられたのだろうか……　　（出典：NASA）

Answer

月は、地球に比べて重力が小さく、大気や水もありません。そのため、たくさんの「クレーター」が残っているのです！

Q.17 空に浮かぶ月……。どうして落ちてこないの!?

難易度 B

🛸 **ニュートンが発見した『万有引力の法則』のかげに月の存在アリ**

月は地球の衛星で、いつでも地球の周りを回っています。

現代を生きる私たちにとっては、当たり前の話ですが、江戸時代の人たちにとっては、とても不思議なことだったようです。

月は満ち欠けをして、その形を変えますが、大きさはいつでも同じ。それに気がついて「どうしてあんなに大きなものが空に浮かんでいるのだろう」という疑問を持った人がいたかもしれませんね。

じつは月は近代科学の発展に大きく貢献しています。

イギリスの自然哲学者で、数学者としても名高いアイザック・ニュートン（1642～1727）が『万有引力の法則』を発見したのは「半分は月のおかげだった」といわれているようです。

「あれ？」……なんだかこの話、少し変だと思いませんか。

私たちが知っている万有引力は、月ではなく、「リンゴのおかげ」で発見されたはずです。

ニュートンは、ロンドンのケンブリッジ大学で勉強をしていたのですが、ペストの大流行で大学が閉鎖されたため、故郷のウールスソープの村に戻っていました。そこで研究の続きをしていたときに、木からリンゴが落ちるのを見て、万有引力の法則を発見した──有名な〝逸話〟ですよね。

なお、簡潔にいうと、万有引力の法則とは「重さを持ったものにはすべて引力が働き、お互いに引き合う」というものです。

　ここまでの話を聞くと、ニュートンはリンゴが落ちた瞬間に万有引力に気がついたように思えますが……。
　実際は、そんなに単純な話ではなかったようです。
　リンゴは木から離れると地上に落ちてきますが、月は地上に落ちてこずに空に浮かんだままです。このことに疑問を抱いたニュートンは、いろいろと思案した末に、重さを持ったものが引き合う万有引力の法則にたどり着いた――これが真相のようです。
　リンゴの逸話も、月の話も、どこまでが本当なのかはわかりません。
　しかし、ニュートンが発見した万有引力の法則は、地上にある物体にも宇宙にある天体にも等しく働いていることを「わかりやすくとらえられる良い例だ」といえるのはたしかでしょう。

🛸 リンゴと地球と月の不思議な関係から見えてきたものとは？

　ところで、月が空に浮かんでいることと、万有引力とはいったいどんな関連性があるのでしょうか。
　その前に、リンゴと地球の関係をお話ししておきましょう。
　リンゴが木から離れると、地面に落ちます。リンゴも地球も重さを持っているために、万有引力が働き、お互いに引き合うから落ちるのです。
　このとき、私たちは「地球がリンゴを引っぱった」と思いこんでしまいます。これは半分正解なのですが……半分間違いです！
　たしかに地球はリンゴを引きよせていますが、同時にリンゴも地球を引きよせているのです。仮にリンゴが重さを持っていなかったら、リンゴは〝風船〟のようにフワフワと飛んでいってしまいます。
　地球が引きよせようと思っても、万有引力が働かないので、引きよせられないのです。リンゴと地球はお互いに引きよせ合っているのですが、地球の引力がとても大きいために、まるでリンゴが地球に一方的に引きよせられているように見えるわけです。

では、月と地球の場合ではどうでしょう。

月も地球も重さを持っているので、お互いに引き合っています。

でも……月はグルグルと地球の周りを回っているだけで、地球に向かって落ちてくるわけではありません。

なぜ、リンゴは落ちるのに、月は落ちないのでしょうか。

じつは月もリンゴと同じように地球に向かって落ちていたのです。

いったいどういうことなのか、説明しておきましょう。

月とリンゴの大きな違いは、速さです。地球から見ると、月は止まっているようにも見えますが、実際は時速約3700kmものスピードで動いています。そんなに速く動いているということは、地球の近くを通りすぎて遠くまでいってしまってもいいようなものですが……。

ここに月の秘密があります！

月は地球とお互いに引っぱり合っていて、地球に向かって落ち続けているのです。同時に月はとても速いスピードで地球から離れるように動いています。つまり、月には「地球に落ちる力」と「地球から離れる力」が同時に働いているわけです。この2つの力が上手くつり合うことで、地球の周りをグルグルと回る状態をつくり出しています。

私たちの目からは、そんなふうには見えませんが、月はずっと地球に向かって落ち続けているのです。

★Answer

「地球に落ちる力」と「地球から離れる力」の2つの力が上手くつり合っているため、月が落ちることはないのです。

2限目　地球に一番近い存在！「太陽」と「月」の時間

リンゴは落ちるのに月は落ちてこないな……

なるほど偉人伝 file.05

アイザック・ニュートン

　イギリス生まれの自然哲学者で、数学者・神学者。リンカンシャー州の自作農の家に生まれる。幼いころに父親を亡くし、実母も再婚してニュートンのもとを離れたため、祖母に養育された。
　物心のつかない年齢で両親の愛を知らずに育ち、内向的な性格のニュートンだったが、学校の成績は常にトップだったといわれている。
　ニュートンが残した功績といえば、『万有引力の法則』と『運動方程式』が挙げられる。この発見により、古典力学を確立し、天体の運動を解明したといわれているが定かではない。
　そのほかにも「ニュートン式反射望遠鏡」を発明するなど、「近代科学最大の科学者の1人」とされている。
　なお、有名な万有引力の法則の逸話は、作り話の可能性が高いといわれている。

（1642 ～ 1727）

Q.18 いつかは、月の場所は地球からとても遠くになる？

難易度 C

🌂 数十億年前の月は、今よりももっと大きく見えていました

月は地球から約38万4400kmも離れた場所にあります。

しかし、ずっとその位置にとどまっているわけではないのです。

じつは地球や月が誕生したときは、現在の約10分の1ほどで「地球から約4万kmしか離れていなかった」といわれています。

そのころの月は、今よりももっと大きく見えていたようです。それが約46億年というとてつもなく長い歳月をかけて、約38万4400kmまで離れていきました。

月は、今でも少しずつ地球から遠ざかっています。ただ、そのスピードは1年間に約3.8cmずつと本当に微々たるものですので、私たちが生きている間には、目に見える大きな変化はないでしょう。

とはいえ、約46億年の歳月をかけて地球と月の距離は10倍くらいになったように、これから数十億年も経過していくと、月はどんどんと遠くなっていきます。今よりも小さく見えることになるでしょうね。

🌂 約1億8000万年後には……地球の1日は25時間になるかも

私たちは、普段あまり意識していませんが、地球は月からの影響を大きく受けています。地球の自転と月がとても深い関係にあるのは、その1例として挙げられるでしょう。

結論からいえば、月があるおかげで、地球の自転速度はだんだんと遅くなっているのです。地球や月がまだ誕生したばかりのころは、地球は約5時間で1回転するほどの速さで自転をしていました。
　ところがその後、月の重力の影響で、地球の自転に〝ブレーキ〟がかかり、自転速度が遅くなっていったのです。

　私たちは、現在、地球の自転は24時間に1周するスピードで安定しているように感じています。
　でも、ある研究によると、地球が1回自転する時間は100年で約1000分の2秒も長くなっているそうです。地球は私たちが感じないくらいの割合で、だんだんと自転速度を落としています。
　このペースで遅くなっていけば、約5万年後には地球が1回転する時間が1秒長くなっていき、約1億8000万年後には25時間で1回転することになります。つまり、このころには地球の1日は25時間になるわけです。
　そして、約100億〜200億年後には、地球の自転は約47日ととても長くなってしまうだろうと予測されています。
　地球は月があるおかげで、だんだんと自転速度が遅くなっているのですが、これを月の立場から見るとどうなるのでしょうか。
　月は地球の影響を受けて、だんだんと公転速度が速くなっています。月の公転速度が速くなっているぶんだけ、地球から離れたところで地球の重力とバランスを保つようになるため、少しずつ離れているのです。

★Answer

今でも月は、1年間に約3.8cmずつ地球から遠ざかっています。

Q.19 潮の満ち引きには、月が大きく関係している!?

難易度 C

🚙 砂浜に足を運ぶと……月の重力の様子がよくわかる

　地球と月は、お隣り同士の仲良し天体──。

　お互いに影響を受けながら存在しています。月が地球の周りを回っているのは、地球の重力によって月を引きよせているからですが……同時に地球も月の重力に引きよせられています。お互いの重力によって引き合いながら、〝絶妙なバランス〟を保っているわけですね。

　ところで、砂浜に足を運ぶと、地球が月の重力に引きよせられていることを直接的に感じることができます。

　砂浜は、常に同じ面積を保っているわけではありません。

　1日のなかでも潮（海水）が遠くまで引いてしまう時間によって、その面積が増えるかと思えば、潮が満ちてしまう時間には砂浜が見えなくなることもあります。つまり、海岸では周期的に潮が満ち引きすることで、海面の高さはもちろん、砂浜の面積も変化するのです。

　潮の満ち引きの時間に起こる現象が「干潮」「満潮」と呼ばれるものです。また、潮の満ち引きの変化を「潮汐」といい、この潮汐を引き起こす力を「潮汐力」と呼びます。

🚙 月に面している部分と逆の部分が「満潮」。それ以外は「干潮」

　じつは潮の満ち引きを引き起こしている張本人は……月の重力です。

月の重力と潮の満ち引きの関連性

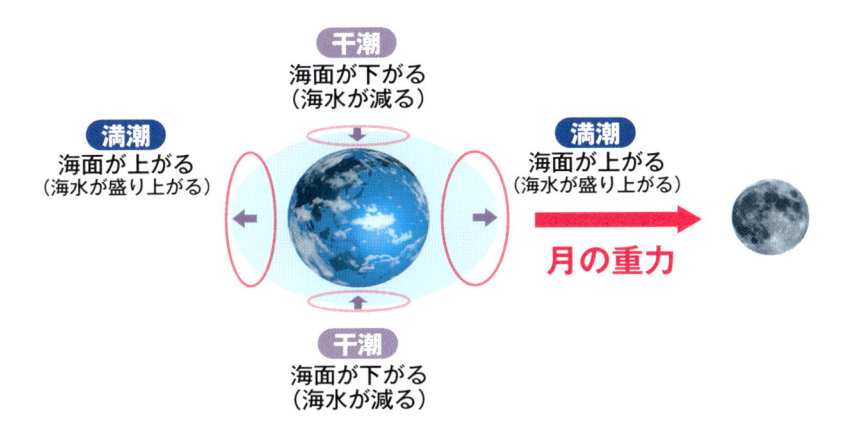

干潮 海面が下がる（海水が減る）
満潮 海面が上がる（海水が盛り上がる）
満潮 海面が上がる（海水が盛り上がる）
干潮 海面が下がる（海水が減る）
月の重力

　月は、地球の周りを待っているために、定期的に地球に対する位置が変化します。地球のなかでも、月に面している部分は、ほかの場所よりも月からの重力を強く受けるため、それによって海水が多く集められ満潮となります。

　一方、月に面していない側は、相対的に月からの重力も弱いのですが、地球自身が月のほうに引っぱられているので、その影響を埋めるように海水が集まり、こちらも満潮になるのです。それ以外の場所は、海面が下がり、海水も減ります。いわゆる干潮となります。

★Answer

本当です！ 月の重力によって、地球が引きよせられることで、潮の満ち引きが生じます。

Q.20 月と太陽の大きさは違うのに、「日食」が起きるワケとは?

難易度 C

🚗 わずか数分間だけ見ることができる幻想的な現象

　2012年5月21日朝、日本では広い範囲にわたって「金環日食」を観測することができました。皆さんのなかにも日食メガネなどを手にして、空を見上げた人がいるのではないでしょうか。

　日食とは、太陽と地球の間にちょうど月が入りこんで、太陽をかくしてしまう現象のことです。日食には、主に以下の3種類があります。
　①:「皆既日食」→太陽が月によってすべてかくれてしまう現象
　②:「金環日食」→月が太陽よりもひと回り小さく見え、太陽がまるで細い金のリングのように見える現象
　③:「部分日食」→太陽が月によって部分的にかくれてしまう現象

　この3種類の日食のうち……①と②はよく考えると、おかしな話だとは思いませんか? あの太陽を月がかくしてしまうなんて……。
　太陽は、直径約139万2020kmもある太陽系で最大の天体です。月の直径は約3475kmで、太陽の約400分の1しかありません。にもかかわらず、どうして太陽がかくれてしまう現象が起こるのでしょうか。
　その謎を解くカギは、地球との〝距離〟にありました。太陽と月を隣り同士に置いてしまうと、月は太陽をかくすことはできません。
　では、地球からの距離で比べてみるとどうでしょうか。

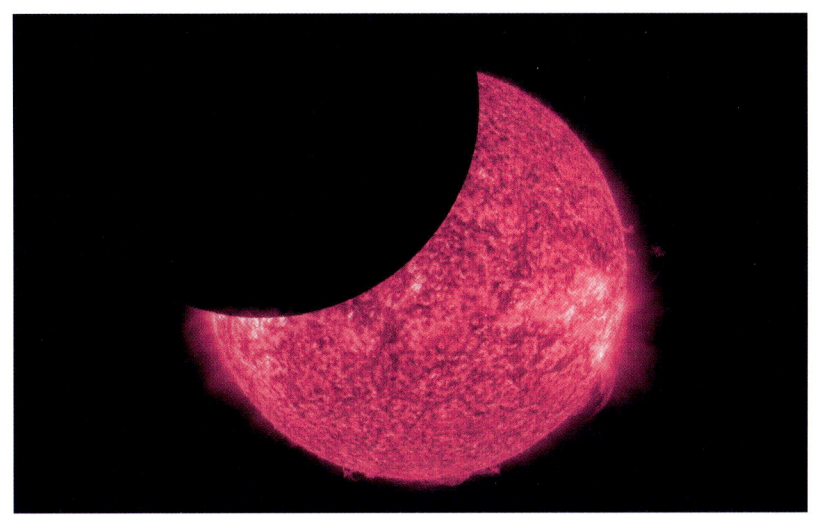

2限目　地球に一番近い存在！「太陽」と「月」の時間

日食の様子。大昔は、日食が起きることは〝不吉な予兆〟として恐れられていたが、現在は、その仕組みが明らかになったことで、むしろ〝幻想的な現象〟として、多くの人がその瞬間を目撃したいと願っている　　　　　　　　　　　　　　　　（出典：NASA）

皆既日食

皆既日食
地球
部分日食
月
月までの距離（近い）
太陽

金環日食

金環日食
地球
部分日食
月
月までの距離（遠い）
太陽

地球から太陽までは約1億4960万kmです離れています。

　対して、地球から月までの距離は約38万4400kmです。

　ということは、地球から見ると、太陽は月よりも約390倍も遠くにあることになります。つまり、月は太陽の約400分の1の大きさですが、太陽が月の約390倍も離れているので、地球からの見かけの大きさが同じくらいになる——こうした実情から、実際はものすごく小さい月が、とても大きな太陽をかくす日食が起きるのです。

🚢 太陽と月が同じタイミングで昇る「新月(しんげつ)」がチャンスだが……

　前述しましたが、日食は太陽と地球の間にちょうど月が入りこんで、太陽をかくしてしまう現象です。この現象は、太陽と月が同じタイミングで昇る「新月(しんげつ)」のときに起こります。

　ただし、新月であれば、必ずしも目にすることができるわけではありません。月が地球の周りを回る公転軌道面は、地球が太陽の周りを回る公転軌道面とピッタリに重なってはおらず、月の公転軌道面が地球の公転軌道面に対して、約5度傾いています。そのため、たとえ新月のときでも、月が地球の公転面を横切らなければ日食は起きないのです。

　ちなみに、満月のときに太陽と地球・月が一直線に並んで、地球のかげのなかに月が入りこむと「月食(げっしょく)」という現象が起きます。この現象が起きるのは、満月でも地球の公転軌道面に近い場所に月があるときです。

★Answer

地球から見たときに、太陽と月の大きさが同じに見えることから、幻想的な現象の「日食」が起きるのです！

3限目

SF作品の常連
「火星」「水星」「金星」の時間

太陽系に存在する主な天体 （※すべて平均値）

地球の大きさを【1】とした場合、ほかの天体の大きさはどれくらいになる!?

- 地球 1
- 月 0.27倍
- 水星 0.4倍
- 太陽 109倍
- 金星 0.95倍
- 火星 0.5倍
- 小惑星帯
- 木星 11倍

太陽の中心からの距離 （※数値は平均公転半径）

- 地球 1.5億km
- 水星 0.6億km
- 金星 1.1億km
- 火星 2.3億km
- 木星 7.8億km
- 土星 14.3億km

土星
9.5倍

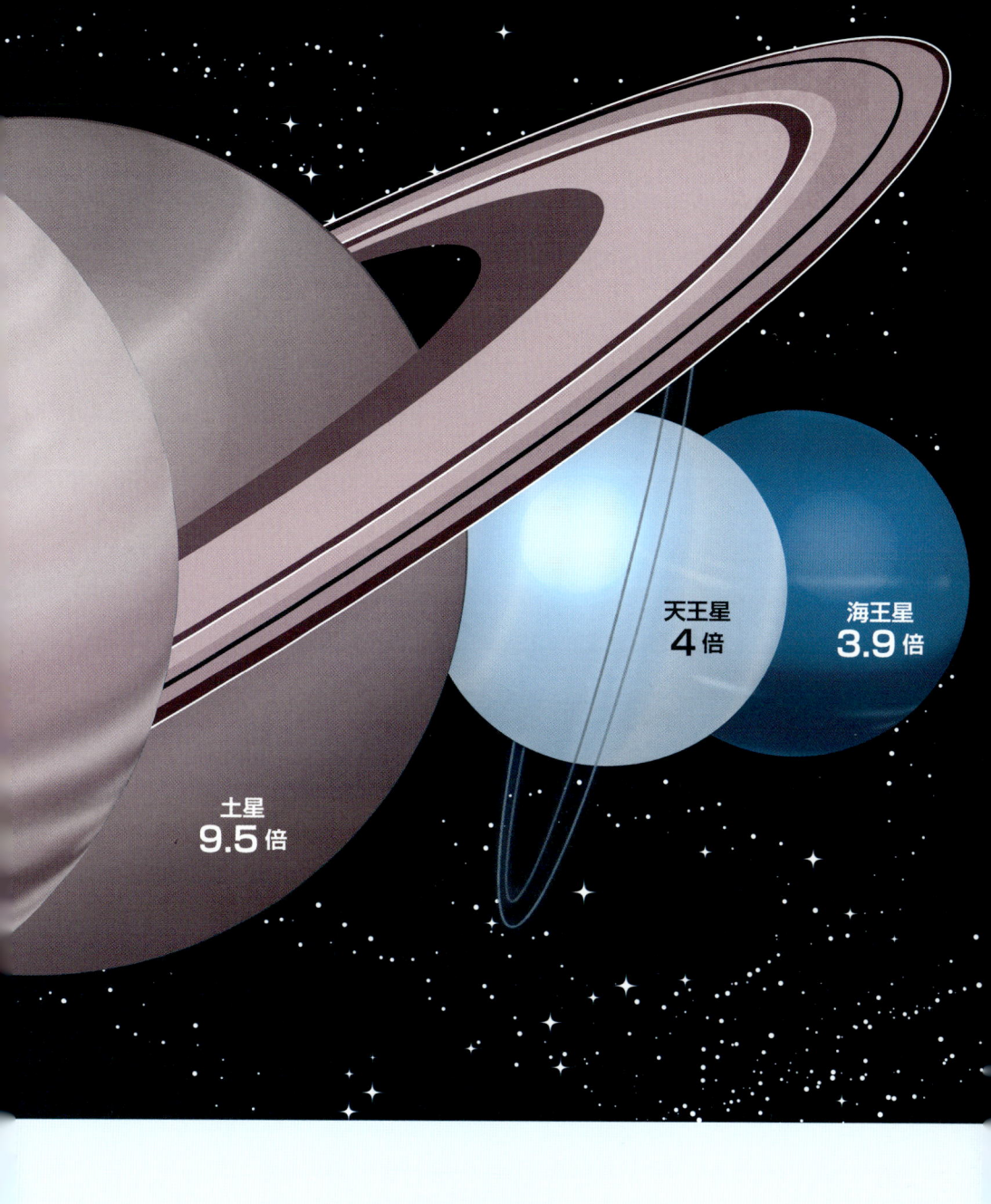

天王星
4倍

海王星
3.9倍

天王星
28.8億km

海王星
45億km

Q.21
なぜ？ 火星は赤いのだろう。
やっぱり熱いのですか？

難易度 B

🚜 イメージと違う!? その原因は火星独特の地質にあった

　火星は、地球のすぐ外側を回っている惑星です。その直径(大きさ)は、地球のほぼ半分くらいで、質量（重さ）も地球の約10分の1しかありません。詳細は102ページでお話ししますが、自転周期も約24.6時間と地球とほとんど変わらず、自転軸の傾きも約25度あるため、地球のように四季の変化が存在します。

　このように、火星は地球と共通点が多い惑星なのです。

　地球から火星を天体望遠鏡などで観測すると、その異様な姿に驚かされた人も多いのではないでしょうか。まるで煮えたぎる灼熱の炎のように真っ赤に輝いている姿に見えます。

　古代の人たちも、例外ではありませんでした。「真っ赤」という見た目から「炎」「血」「争い」といったものをイメージしたようです。

　事実、西洋では、ローマ神話の戦いと農耕の神『マルス』の名前から、火星を『マーズ（Mars）』と名づけています。

　一説によると、メソポタミアの地で、その地域の〝軍神〟の名がつけられて以来、火星には各地域の軍神の名前をつけているそうです。

　赤い星として、古くから人々の心をひきつけてきた惑星・火星。

　その見た目が真っ赤であることから、多くの人が「非常に熱い惑星」と思いこんでいますが……実際は、違います！

3限目　SF作品の常連「火星」「水星」「金星」の時間

♂ 火星　Mars（マーズ）

（出典：NASA）

基本データ

【直径（大きさ）】
約6794km（地球の約0.5倍）
【質量（重さ）】
地球の約10分の1
【自転周期】
約24.6時間
【公転周期】
地球日で約687日
【太陽からの距離】
約2億2794万km（地球の約1.5倍）
【年間の平均気温】
約マイナス40℃以下

【大気の成分】
二酸化炭素 95.3%
窒素 2.7%
アルゴン 1.6%
※酸素や水蒸気も微量だが存在する

【構造】
核（主に岩石と鉄）
マントル
地殻

99

火星の大気圧は、地球の約100分の1以下で非常に低いのです。大気の約95％以上が二酸化炭素であるものの、熱を維持することはできません。そのため、気温の寒暖差が激しい過酷な環境となっているのです。
　たとえば、夏の昼間の赤道付近で約20℃になり、夜になると一気に約マイナス90℃にまで下がります。
　地球では、まず起こり得ない寒暖差ですよね。

　そもそも火星は、地球よりも太陽からの距離が遠いため、太陽から届くエネルギーが少ないのです。そのため、地表の気温もほとんどの場所で0℃以下になっています。年間を通じての最高気温も約20℃、最低気温は約マイナス140℃以下になります。
　なお、年間の平均気温は、約マイナス40℃以下です。
　要するに、私たちがその見た目から抱いている「熱い」というイメージとは違って、「とても寒暖差の激しい非常に寒い惑星だ」といえます。

　では、どうして火星は真っ赤に見えるのでしょうか。
　その謎を解くカギは、火星の地質にありました。火星の大地をおおう砂や岩石には、大量の鉄分が含まれています。その鉄分が酸化して「赤さび（酸化鉄）」ができるため、大地が真っ赤に色づいているわけです。
　惑星は自ら光っているわけではありません。太陽光を反射して光っています。つまり、私たちの目に映っていたのは、赤さびをたくさん含んだ砂や岩石におおわれた火星の大地だったのです。

🛸 2003年8月に火星が地球に「大接近」──その理由は？

　ところで、2003年8月27日に火星が地球に大接近したニュースが、日本列島はもちろん、世界中をかけめぐりました。
　なぜ、このようなことが起こったのか。ちょっと触れておきましょう。

　太陽までの距離を火星と地球で比べると、地球のほうが近いです。
　たとえば、火星が約687日で太陽の周りを1周するのに対して、地球

は約365日で1周しますが（公転周期）、約2年2カ月に1回の割合で火星を追い越してしまうことがあります。

　このとき、火星と地球の距離が近くなるのです。また、火星の軌道は少しつぶれた〝だ円形〟になっているので、火星を追い越すときの距離はいつも同じではありません。毎回違います！　そのため、15〜17年ごとに火星と地球の距離が非常に近くなるのです。

　火星が太陽に近い場所でいる時期に、地球との距離がもっとも近くなるのが「大接近」です。火星が太陽から離れた場所にいる時期に、地球との距離が近くなるのが「小接近」となります。

　2003年8月27日の大接近は、「21世紀で最大」といわれ、話題になりました。次の大接近は、2018年の予定です。

★ Answer

火星の大地をおおう砂や岩石に、大量の鉄分が含まれており、それが酸化して、「赤さび（酸化鉄）」ができるためです。ちなみに、イメージとは違って、非常に寒い惑星でもあります。

Q.22 火星における四季の変化は地球とは違うのですか？

難易度 C

🚗 **地球よりも夏と冬の気候の変化が激しいのが特徴的！**

　地球上には、赤道から極地（北極および南極の地方）まで、さまざまな気候があります。大きく区分すると、「熱帯」「亜熱帯」「温帯」「亜寒帯」「寒帯」の5つです。

　太陽から受け取るエネルギーは、赤道がもっとも大きく、緯度が上がるごとに小さくなります。そのため、地球の気候では、赤道付近が一番暑く、緯度が上がることで「温暖→寒冷」へと変化するのが特徴的です。
　さらに、地球は自転の中心軸となる〝地軸〟が公転軌道面に対して、約23度傾いています。この傾きがあることで、太陽との位置関係によって1日の間で日が出ている長さが変化し、季節を生み出すわけです。

　98ページでも少しお話ししましたが、火星は地球と共通点が多い惑星です。代表的なのが、地球と同じように四季の変化があること。
　火星も自転軸が公転軌道面に対して、約25度の傾きがあるので、地球と同じように季節があります。
　ただし、火星の場合は、夏になると惑星全体をおおうほどの巨大な砂塵嵐（ダストストーム）がひんぱんに発生し、冬は気温が約マイナス125℃以下になることで二酸化炭素が凍ってしまうなど、地球よりも変化が激しいのが特徴的です。

3限目　SF作品の常連「火星」「水星」「金星」の時間

🚗 季節によって表情が次々と変わる雄大な氷地帯・「極冠」

　じつは火星の極地は、とても寒い場所です。火星の場合は、凍った二酸化炭素の氷（ドライアイス）と水の氷でできる「極冠（火星の北極・南極に見られる白く輝く部分）」ができています。

　この極冠は、ほかの場所よりも約2～3km高くなっている火星独特の地形です。また、極冠の規模や成分は季節によって大きく変わります。

　たとえば、冬の場合は、寒さで大気中の二酸化炭素が凍って、ドライアイスの霜や雪が降り積もるためにどんどんと大きくなっていきます。

　一方、夏になるとドライアイスは溶けてしまうので、極冠はほとんどが水の氷で構成されることになります。

【火星の全体写真（左）】
写真の下に広がっている白い部分は、火星における南極　　（出典：NASA）

【極冠の様子（右）】
写真は北極の極冠。凍った二酸化炭素の氷と水の氷でできる火星独特の地形　　（出典：NASA）

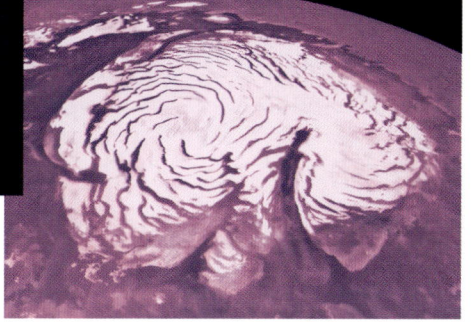

★Answer

地球と比べて、圧倒的に寒暖差が激しいのが特徴です。また、火星の北極や南極には「極冠」ができています！

103

Q.23 どこまで火星探査でわかっているのですか？

難易度 C

🛸『マリナー9号』の成果によって峡谷や山を火星に発見！

　火星は地球の隣りに位置するうえに、地球外生命の存在がささやかれていたこともあって、早くから探査がおこなわれてきました。

　宇宙開発が始まった当初は、アメリカとソ連（現：ロシア）の2つの大国が自国の威信をかけて、ロケットの打ち上げ・有人飛行・探査機の月軌道への投入など、先を争うように競い合っていました。

　結果は……いずれもソ連がひとあし先に成功！

　アメリカは、常にその〝後塵〟を拝してきたのです。

　ところが、こと火星探査においては、アメリカがリードしました。

　世界で初めて火星探査に成功したのは、1964年に打ち上げられた『NASA』の探査機『マリナー4号』です。

　この探査機は、火星とすれ違いざまにたくさんの写真を撮影することに成功しました。この成功によって、火星の表面には多くの「クレーター」が存在することが明らかになったのです。

　さらに、7年後の1971年には、今度は『マリナー9号』が初めて火星の周回軌道を回ることに成功します。火星の表面の約70％を撮影し、全長約4000kmにもおよぶ『マリネリス峡谷』や太陽系のなかで最大の火山である『オリンポス山』を発見しました。

3限目　SF作品の常連「火星」「水星」「金星」の時間

【マリネリス峡谷の全景(左)】
　写真の中心に見える火星の表面を横断する部分が、太陽系で最大の峡谷・マリネリス峡谷。
　全長約4000kmにもおよび、谷の深さは平均8km、峡谷の幅も広い場所で約700kmもある。
　激しい風による浸食と地滑りを何度も繰り返し、現在の姿を形成したと考えられている
（出典：NASA）

【真上から見たオリンポス山(右)】
　太陽系のなかで最大の火山。標高は約2万7000m。山の斜面はゆるやかで、裾野は約600kmも広がっている。地球では想像できないほどの規模に圧倒される　（出典：NASA）

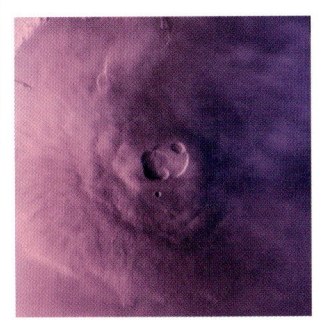

🚙『キュリオシティ』の探査によって生命の可能性がアップ

　ここまではアメリカの勝利でしたが、ソ連もただ指をくわえて静観していたわけではありません。1971年に『マルス3号』をはじめ、再三にわたって火星着陸にチャレンジしたのですが、すべて失敗に終わりました。

　アメリカは、1976年に探査機『バイキング1号』『バイキング2号』が、火星着陸に相次いで成功しています。

　この2つの探査機は、火星の表面から見える風景を撮影し、地球へ送りました。これによって、人類は初めて火星の地面に降り立ったときの様子を目にすることができたのです。この2機は、そのほかにも火星の土壌や大気の分析・生命探査をおこないました。

　その後、2カ国とも相次ぐ失敗のため、火星探査はしばらく停滞することになります。

　そして、本格的に火星探査が再始動したのは、1990年代の後半でした。

1997年に、NASAの探査機『マーズ・パスファインダー』が、バイキング1号・2号の成功から20年ぶりに火星着陸を成功させたのです。
　同時期に『マーズ・グローバル・サーベイヤー（MGS）』も、火星の周回軌道に入ります。
　2001年に『マーズ・オデッセイ』、2003年に欧州宇宙機関（ESA）初の探査機『マーズ・エクスプレス』、2005年に『マーズ・リコネッサンス・オービター（MRO）』が、火星の上空へ次々と送りこまれています。
　これらの探査機の成果によって、火星の表面には、液体の水がなければつくることのできない地形が多数存在することがわかってきました。

　火星の表面にも、たくさんの探査機が着陸しています。
　前出の探査機マーズ・パスファインダーには、表面を自由に走行できる小型ローバーの『ソジャーナ』が搭載（とうさい）されていました。
　ソジャーナは、惑星の上を移動した初めてのローバーとして、16カ所で土壌などの成分分析をおこないました。
　2004年には、『スピリット』『オポチュニティ』の2台のローバーが火星に降り立っています。この2台は、火星に存在していた液体の水と生命の痕跡（こんせき）を探すために、別々に打ち上げられました。それぞれの探査から、火星と水を結びつける証拠がたくさん発見されています。

　2007年に打ち上げられ、2008年5月に着陸した『マーズ・フェニックス・ランダー』は、ローバーではないものの、北極地方の地面のなかに白い物質があることを発見しました。この白い物質は、発見から4日後には消え去ったので、「水の氷や霜（しも）である」と仮説が立てられました。
　その後、フェニックスが土壌サンプルを加熱していくと、水蒸気が発生したことから、白い物質が氷や霜である可能性が高まったのです。
　数多くの探査機の調査とその成果によって、火星の表面には、かつて液体の水があり、今でも地下には〝水の氷〟が存在することが濃厚になってきました。そうなると……「火星には地球外生命がいるかもしれない」という期待がいっそう高まります。

そこで、直接的な証拠をつかもうと、2011年11月に大型ローバーの『キュリオシティ』が打ち上げられました。

キュリオシティは、2012年8月に火星に着陸し、探査をスタートしています。周囲の地形を調べていくと「水のなかでゆっくりとつくられた」と思われる堆積層があることがわかりました。

さらに、この堆積層を形成する土壌を分析すると、生命をつくるのに必要な硫黄・窒素・水素・酸素・リン・炭素などが存在することが確認されたのです。

これによって、火星には生命を育むための条件がそろっていることが明らかになりました。また、かつては火星に厚い大気があったことをうかがわせるデータも得られました。

今後、さらなる調査が進めば、火星に生命が存在する決定的な証拠をつかむことができるかもしれませんね。

【火星探査機】：生命が存在する確たる証拠が見つかるのも間近か!?　　（出典：NASA）

Answer

地球外生命が存在する可能性を裏づける証拠が、次々と見つかっています。

Q.24 最近、話題になっている『テラフォーミング』って?

難易度 B

🚩 〝第2の地球〟の最有力候補にノミネートされている火星

　私たちが住む地球は、今、1つの大きな問題に直面しています。
それは爆発的に人口が増え続けていることです。

　2011年10月には、ついに約70億人を突破しました。それでも急激な人口増加はとどまることなく、「2030年までには80億人を、2050年までには90億人に到達する」といった見解もあるようです。

　人口の増加は、地球にさまざまな〝弊害〟をもたらします。エネルギー資源の開発による環境破壊や食糧・水・雇用不足、さらには地球温暖化の進行を加速させるなど、挙げ始めたらキリがありません。

　こうした地球の危機的状況を回避する手段の1つとして、「別の惑星に移住しよう」という考えが、一部の人たちの間で真剣に検討されています。その移住先の惑星候補として、火星が注目されているのです。

　地球からは火星よりも金星のほうが近いのですが、火星と金星の特徴を比較して考えると……火星への移住のほうが、まだ現実的です。

　なお、金星の詳細は120ページでお話しします。

　「火星に移住!? そんなことできるはずがないだろう」——。
　こういった意見も根強くありますが、技術的には、もう実現可能な領域にまで達しているそうです。

この美しい私たちの地球が、今、「人口爆発」という大きな問題に直面している……。
人類が移住できる〝第2の地球〟は見つかるのだろうか　　　　　　　（出典：NASA）

　ただし、現段階の火星の環境では、私たち人間が移住して生活をすることはできません。

🚙 世紀の大プロジェクト「惑星地球化計画」……その全貌とは？

　こうしたなか、ある壮大な構想が科学者たちの間で検討されています。
　それが『テラフォーミング（惑星地球化計画）』です。
　簡潔にいえば、「火星全体の環境を、人工的に私たち人間が生活している地球と同じ環境に変えてしまおう」という計画です。
　具体的にどのような計画なのか、気になりますよね。ちょっとその計画の概要に触れておきましょう。
　火星の自転周期は約24.6時間で、地球とほとんど変わりません。自転軸の傾きも約25度で、これも地球の傾度と近いため、四季の変化が存在します。また、地球との距離が近い惑星でもあります。
　しかし、太陽からの距離が遠いのと、火星の大気が非常にうすいため、熱を維持することができず、火星全域の気温がとても低くなっています。
　そこで、絶対条件として、希薄な大気を地球と同じくらいに濃くして、気温を上昇させなくてはいけません。

具体的は方法として、以下のような計画が構想されているようです。
①：火星の表面にメタンやフロンガスを始めとする「温室効果ガス」を直接散布する
②：人工衛星の軌道上に特殊な素材でつくられた巨大な反射鏡を設置して、火星の「極冠(きょくかん)」にあるドライアイスに太陽光を集中的にあてる。これにより、ドライアイスが溶けることで二酸化炭素や水蒸気が放出されて、気温の上昇が早まり、温室効果が望める
③：地球から微生物や藻類を持ちこんで繁殖させることで、火星の大気に酸素をもたらすことが可能となる

このような大規模なプロジェクトを実行するには、各国政府や宇宙機関が協力し合い、〝全地球的な合意〟のもとで取り組む姿勢が求められます。当然、莫大な費用もかかるので、それをどのように捻出するのかもしっかりと考えていかなければなりません。

さらに、火星そのものや宇宙空間におよぼす影響に関しても、きちんと研究していく必要があるでしょう。実現するまでには、たくさんのハードルを越えなければなりません。

ここまで高いハードルを越えなくとも、『国際宇宙ステーション（ISS）』（164ページ参照）のような限られたスペースで生活する「火星基地」を建設するほうが、現実的だといえます。

アメリカは、2010年4月に、2030年代の半ばまでには火星の軌道に人間を送りこむ「有人火星探査計画」を発表しています。また、オランダのNPO法人『マーズ・ワン財団』は、2022年から4人ずつ人間を火星に送りこむ「火星移住計画」を進行中です。

こうした計画が順調に進めば、私たちが生きている間に火星に人間が住む時代が到来するかもしれませんね。

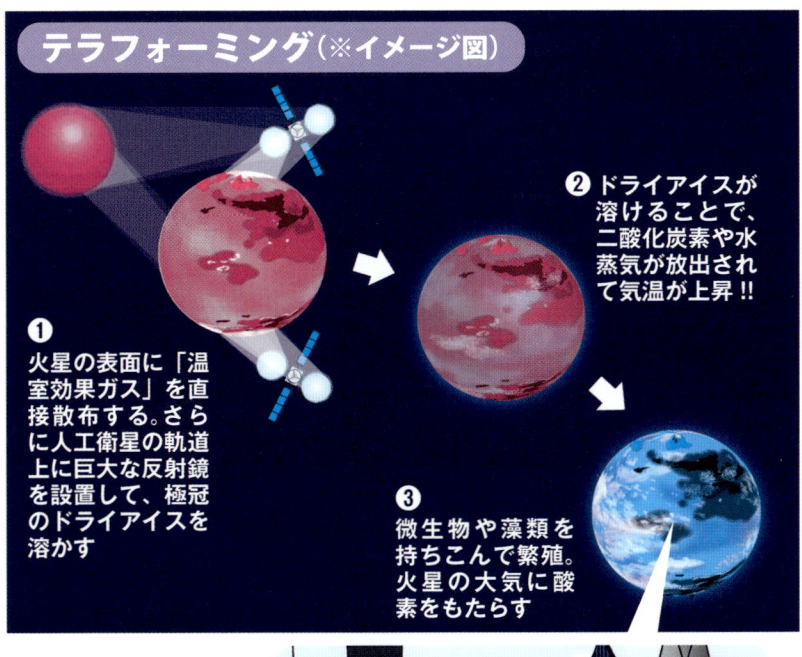

3限目　SF作品の常連「火星」「水星」「金星」の時間

テラフォーミング（※イメージ図）

❶ 火星の表面に「温室効果ガス」を直接散布する。さらに人工衛星の軌道上に巨大な反射鏡を設置して、極冠のドライアイスを溶かす

❷ ドライアイスが溶けることで、二酸化炭素や水蒸気が放出されて気温が上昇!!

❸ 微生物や藻類を持ちこんで繁殖。火星の大気に酸素をもたらす

火星の未来予想図

★Answer

地球以外の惑星を、人工的に地球と同じような環境に改造して、人類が移り住む。まさに夢の大プロジェクトです！

Q.25 1日の長さが、水星と地球は全然違う!?

難易度 A

🚗 太陽系でもっとも小さい惑星だけど、密度は第2番目の高さ

「水・金・地・火・木・土・天・海・(冥) ♪」……。

小・中学校の授業で、太陽に近い順に惑星を覚えるときに、このようなリズムで覚えた人は多いことでしょう。

これは太陽からの距離の順番を表しています。この言葉からも、水星は、太陽系のなかでもっとも太陽に近い惑星であることがわかります。

その大きさは、地球の約0.4倍しかなく、太陽系の8つの惑星のなかでもっとも小さなものです。

一方で、平均密度は1㎥あたり約5430kgもあり、約5514kgの地球に次いで2番目の高さをほこります。密度が高いわりに惑星そのものの大きさが小さいのは、水星の構造に秘密があるからです。

じつは水星の全質量の約80%が、岩石から形成されるマントルと金属（主に鉄）で形成される核でしめられているのです。

これほどの核を持つ惑星は太陽系のなかでも水星しかありません。地球でさえも全質量の約32%しかないのです。

🚗 水星の「1日」がようやく終わるのは……地球の約半年後

水星にも、地球や火星と同じように、自転と公転の2つの回転があります。水星の自転周期は約59日で1回転し、公転周期は約88日で太陽

3限目　SF作品の常連「火星」「水星」「金星」の時間

☿ 水星　Mercury（マーキュリー）

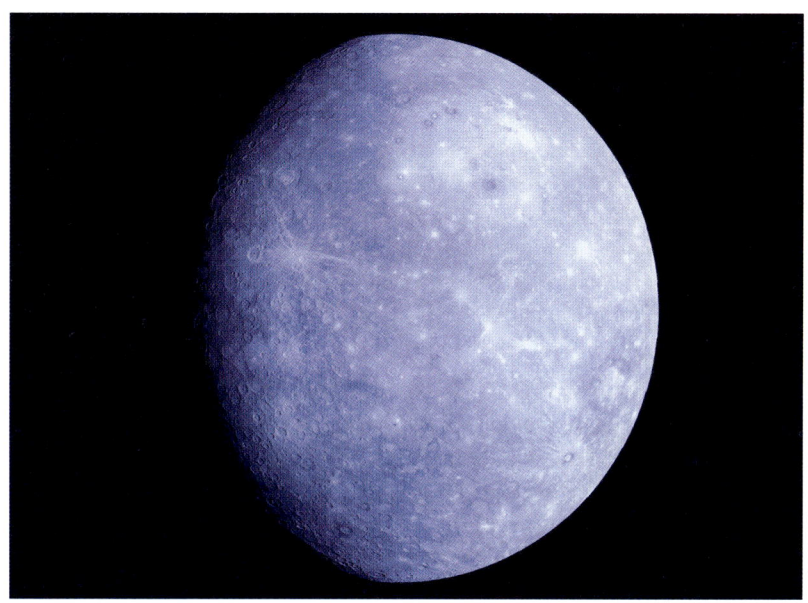

（出典：NASA）

基本データ

【直径（大きさ）】
約4880km（地球の約0.4倍）
【質量（重さ）】
地球の約18分の1
【自転周期】
約1408時間（地球日で約59日）
【公転周期】
地球日で約88日
【太陽からの距離】
約5790万km（地球の約0.4倍）
【年間の平均気温】
約170℃

【大気の成分】
- 酸素 42%
- ナトリウム 29%
- 水素 22%
- ヘリウム 5%

【構造】
- 核（主に鉄）
- マントル
- 地殻

113

の周りを1周します。地球の場合は、自転周期が約24時間で、公転周期は約365日になるのは周知のとおりです。

　地球は太陽の周りを1周する間に、自転を365回転することになるのですが……水星の場合は、太陽の周りを2周する間に、自転は3回転しかしません。つまり、水星は地球と比べると、公転周期に対して自転周期がとても長いことになります。
　しかもこのことが水星の1日の長さにも影響してくるのです。
　地球の1日の長さは、太陽が空に昇って、沈み、そして再び昇るまでの長さを基準にして定められています。「太陽が地球の周りを1周する長さ」といっても良いでしょう。

　地球の場合は、1日の長さは自転周期とほぼ同じです。
　現在の私たちは、太陽が地球の周りを1周することは、「地球が〝コマ〟のように1回転することと等しい」と知っています。
　ところが、水星の場合は、少々事情が違うのです。
　水星は、公転を2回する間に自転を3回します。その関係で自転が1回終わる59日では、まだ1日が終わりません。地球と同じように、水星から見て、太陽が昇って、沈み、再び昇るまでに約176日もかかります。
　要するに、地球と比べて、水星は自転のスピードが極端に遅いため、1日がとても長く、それに伴い、異常に長い昼と夜が繰り返されることになるわけです。

　水星は、昼と夜の周期が長いだけでなく、その温度差が激しいのも大きな特徴として挙げられます。
　たとえば、昼間には表面温度が約430℃まで上昇して、すべてのものを焼き尽くすような暑さになります。夜間は約マイナス180℃にまで落ちこむといったように、すべてのものを凍り尽くす寒さが待っています。
　このように、水星は極端な暑さと寒さが交互に訪れるとても過酷な環境の惑星なのです。

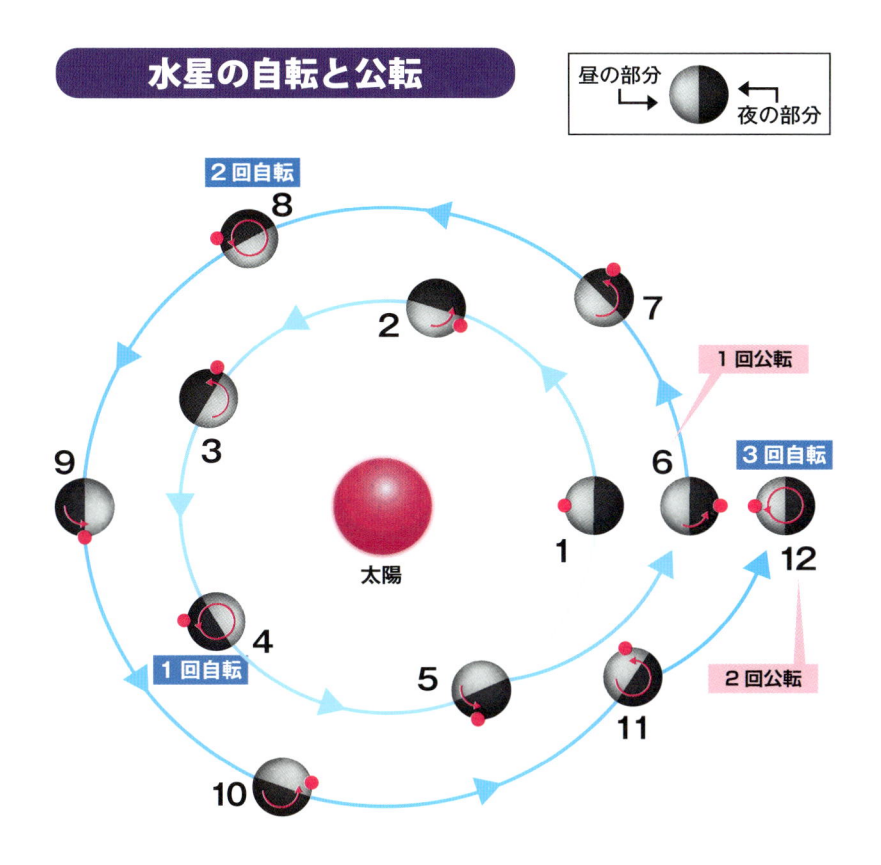

3限目　SF作品の常連「火星」「水星」「金星」の時間

水星の自転と公転

昼の部分 → ← 夜の部分

2回自転 — 8
7
2
1回公転
3
6　3回自転
9
1
12
4
2回公転
1回自転
5
11
10

★Answer

水星は、公転に対して自転のスピードが極端に遅いため、1日がとても長くなっているのです。

Q.26 写真で見ると、水星って月と似ていませんか?

難易度 C

🔺 地球上ではあり得ない規模をほこる超巨大な『カロリス盆地』

　水星は、太陽からの距離が一番近い惑星なので、探査機を飛ばすことも困難を極めます。太陽の巨大な重力の影響を受けるうえに、昼と夜の寒暖差がとても激しいので、それに耐え得る装置をつくらないといけないからです。また、水星自身の動きが速いことも挙げられます。

　こうした実情から、これまで水星に近づいたことのある探査機は、アメリカの『マリナー10号』『メッセンジャー』の2機しかありません。

　1973年11月に打ち上げられたマリナー10号は、1975年に探査が終了するまでに水星と3回すれ違い、4165枚もの写真を撮影し、それまで誰も見たことのなかった水星の表面を、私たちに見せてくれました。

　それらの写真から、水星は月と同じようにたくさんの「クレーター」でおおわれていることが明らかになったのです。

　クレーターは月と同じように、小惑星などが衝突してできたと考えられています。水星における最大のクレーターは『カロリス盆地』と呼ばれるものです。この盆地は、とてつもなく巨大なのです!

　マリナー10号の観測では、「直径約1300km」と見積もられていましたが、その後のメッセンジャーの観測によって「直径約1500km」に修正されました。水星の直径は約4880km。つまり、直径の4分の1以上もの大きさになるわけです。いかに巨大かがわかるでしょう。

🪐 水星のほとんどが核でしめられている意外なワケとは？

　水星と月が似ている点は、クレーターの存在だけではありません。

　クレーターとクレーターの間には、なだらかな平原もあり、水星と月はよく似た外見をしています。水星の平原は、過去に発生した火山活動や溶岩によってできたと考えられています。

　ただし、水星は月とまったく同じ天体ではありません。水星には『リンクルリッジ』と呼ばれる断崖がありました。この断崖は、大きなもので高さ約2km、全長約500km以上もあり、水星内部が冷えたときに表面が収縮してできた〝しわ〟ではないかと考えられているようです。

　表面に残されたクレーターによって、水星には小惑星などが何度も衝突したことがわかります。それに加えて、水星が誕生したばかりのころにも巨大な衝突があったのではないかと考えられているのです。なぜなら、112ページでもお話ししましたが、水星の全質量の約80％が金属で形成される核でしめられているからです。

　これほどまでに水星の核が大きいのは、なぜでしょうか。

　この謎を解き明かすうえでの仮説はいくつもありますが、もっとも有力な仮説は、「誕生したばかりの原始水星に、ほかの原始惑星が衝突した」という「巨大衝突」説です。

　このとき、2つの原始惑星の核は残って合体したものの、岩石部分のマントルが吹き飛ばされてしまったのではないかと考えられています。

★ Answer

「クレーター」や平原があるなど、外見は似ているのですが……天体の構造や大気の有無など、根本的な部分は違います。

Q.27 「水」という字がつくから水星には水が豊富にあるの？

難易度 C

🚀 水星の〝真の姿〟をとらえることに成功した『メッセンジャー』

　水星の探査機『マリナー10号』が打ち上げられたあと、2機目となる探査機『メッセンジャー』が、2004年8月に打ち上げられるまで、約30年間、水星に探査機が飛ばされることはありませんでした。

　メッセンジャーは、マリナー10号と同じように、水星と3回すれ違ったあとに、初めて水星の周回軌道に入ることに成功しました。
　マリナー10号が水星とすれ違うときは、水星の同じ面しか見ることができなかったので、水星の表面の約45％しか撮影できませんでした。
　一方、メッセンジャーは、水星の周回軌道を回りながら水星を撮影することができる探査機だったので、水星全体の姿を初めてとらえることに成功しました。もちろん、マリナー10号では見ることのできなかった部分もしっかりと観測しています。
　この観測によって、水星の南極には「クレーター」がたくさん存在するものの北極には少ないこと、『リンクルリッジ』（117ページ参照）が水星の表面全体にあることなどが明らかになったのです。

🚀 その名前の由来どおりに大量の「氷＝水」の存在が明らかに！

　メッセンジャーが明らかにしたことは、それだけではありません。
　水星に水があることを発見したのです！

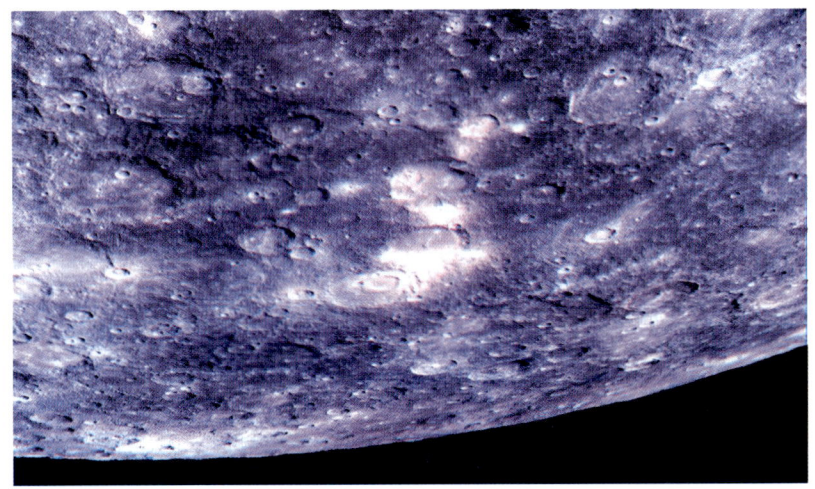

3限目　SF作品の常連「火星」「水星」「金星」の時間

観測技術の進歩によって、クレーターの奥底に大量の氷が眠っていることが判明！
（出典：NASA）

　水星には「水」という文字が使われていますが、この命名は、実際に水があるかないかということとは無関係です。むしろ太陽との距離が近いために、従来は「水は存在しない」と思われていました。

　それがメッセンジャーによって、太陽光が届かないクレーターの底に大量の氷が眠っていることが確認されたのです。この氷の量を合計すると……じつに「約1000億〜1兆トンになる」と見積もられています。

　水星は名前だけでなく、実際に〝水の惑星〟だったことになりますね。

★Answer

「クレーター」の奥底に、約1兆トンにもおよぶ大量の氷が眠っていることが確認されています！

Q.28 「金星と地球は似ている」と聞きますが……真実は？

難易度 B

🚀 大きさや質量・内部構造は非常に似ている点が多い

　太陽系の惑星のなかで、金星は、私たちが住む地球ととてもよく似ていることから〝地球の双子星〟とも呼ばれています。

　一時期、将来的に人類が移住する惑星の最有力候補にもなっていましたが……その後の探査機の観測などによって、現在は、可能性は非常に低いと考えられています。どうしてなのでしょうか。

　じつは私たちが当初イメージしていた金星の環境とは、まったく異なる環境が明らかになったからです。

　まずは、金星と地球が似ている点に関してお話ししましょう。

　金星の直径（大きさ）は約1万2104km。地球の直径（大きさ）は約1万2756kmなので、大きさはほぼ同じです。

　質量（重さ）も地球の約0.8倍で、こちらも地球と大差はありません。

　内部構造を見ても、地殻が地下約30kmまで続き、その下に岩石を成分とするマントル、中心部分には鉄を主成分とする核があり、地球と非常に似ています。

🚀 美しさの裏には恐ろしさが……魅惑の惑星・金星の素顔

　ここまでは、地球とよく似ているので「双子の惑星」と呼ばれるのもうなづけますが、その一方で似ても似つかない部分もあります。

3限目　SF作品の常連「火星」「水星」「金星」の時間

♀ 金星　Venus（ヴィーナス）

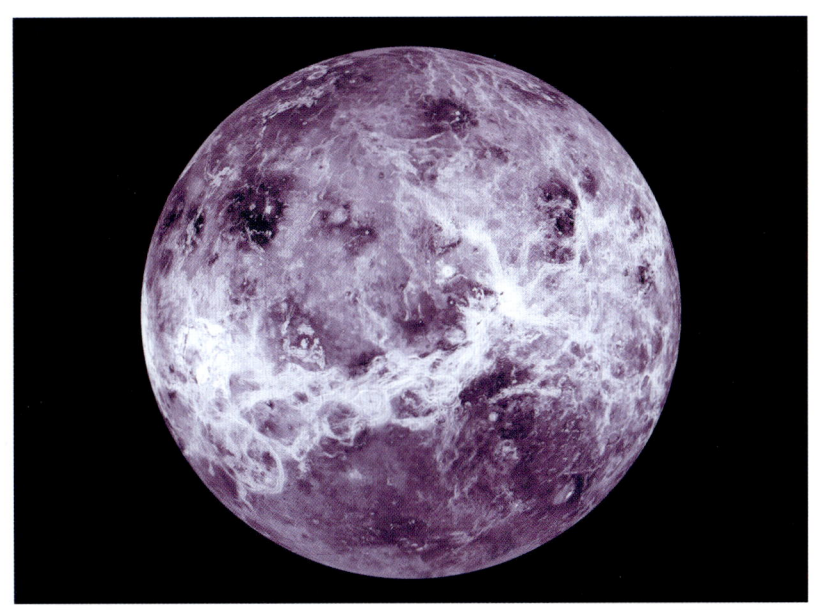

（出典：NASA）

基本データ

【直径（大きさ）】
約1万2104km（地球の約0.95倍）
【質量（重さ）】
地球の約0.8倍
【自転周期】
約5833時間（地球日で約243日）
【公転周期】
地球日で約225日
【太陽からの距離】
約1億821万km（地球の約0.7倍）
【年間の平均気温】
約462℃

【大気の成分】
- 窒素 3.5%
- 二酸化炭素 96.5%

【構造】
- 核（主に鉄やニッケル）
- マントル
- 地殻

その最たるものが、大気です！

地球の大気は、窒素や酸素などで形成されていますが、金星の場合は、約96.5％を二酸化炭素がしめています。しかも金星の大気の量は、地球とは比較にならないほど多いので、金星の大気のなかにある二酸化炭素の量も膨大なものになります。

そもそも二酸化炭素は、地球温暖化の原因と見られている「温室効果ガス」の一種です。つまり、金星の大気には、膨大な量の二酸化炭素があることによって、温室効果が強力に働いているのです。そのため、金星の表面温度は、昼夜を問わず約460〜500℃にまで跳ね上がってしまいます。これは太陽系の惑星のなかでもっとも高い温度です。

まさに金星は、「灼熱の惑星」といえるでしょう。

さらに、金星の表面は約90気圧という〝超高圧状態〟になっています。これは地球の約90倍で、約900Mの海底の水圧とほとんど同じ状態になります。とても人間が生活できる環境ではありませんよね。

金星の環境が過酷なのは、温度や気圧だけではありません。

その大気のなかに、もう1つ大きな問題があるのです！

前述しました金星の大気の残り約3.5％には、二酸化炭素や窒素・二酸化硫黄などが含まれています。これらの成分によって、金星の地表から約45〜70kmの上空には、常に濃硫酸（非常に濃い硫酸のことで、人体には劇物）で形成された厚い雲が金星全体をおおっています。

この厚い雲は、ときどき硫酸の雨を降らせますが、あまりにも気温が高すぎるので、降っている途中で蒸発してしまい、地表には達しません。

なお、この厚い雲があることで、長い間、金星の表面の地形を観測することができませんでした。

そのほかの違いとして、自転周期が地球よりも長い点が挙げられます。

たとえば、金星の場合は自転のスピードが非常に遅く、1周するのに約243日もかかります。この自転周期は、太陽系の8つの惑星のなかでも一番長いのです。

3限目　SF作品の常連「火星」「水星」「金星」の時間

自転が遅いならば、風の速さも遅いと考えますよね。

ところが、金星の場合はちょっと違うのです。金星の上空約70km付近では、自転と同じ方向に向かって『スーパーローテーション』と呼ばれる〝猛烈な強風〟が吹き荒れています。

なんと風速は秒速約100m（時速約350km）にも達し、これはわずか4日間で金星を1周してしまうほどのスピードです‼

なぜこのような現象が起こるのかは、未だ解明されていません。

地球には、生命が誕生し、生きていくためのさまざまな条件がそろっています。

対して、金星は「生命が生き抜くうえでは、非常に難しい条件がそろっている惑星」といえるでしょう。

私たちに美しい表情を見せてくれる魅惑の惑星・金星。その本当の素顔はとても恐ろしいものだったのです！

スーパーローテーション

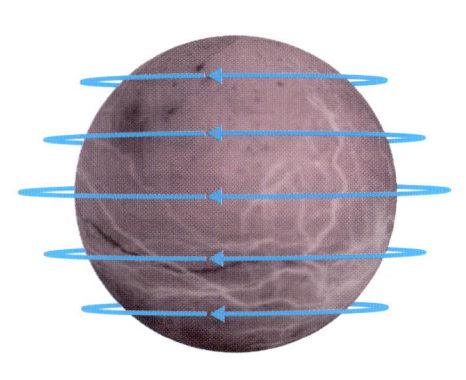

金星の上空約70km付近では、自転と同じ向きに秒速約100m（時速約350km）にも達する猛烈な強風が吹き荒れている

★Answer

大きさや重さ・内部構造は、地球とよく似ていますが……環境はまったく似ていません。金星は、私たちのイメージとは異なる〝素顔〟を持った惑星です！

Q.29 「明星(みょうじょう)」と呼ばれる金星──。いつ見ることができる?

難易度 C

🚋 明るく見える理由は「地球との距離」と「金星の上空をおおう雲」

　金星は、地球からの距離が一番近い惑星です。その位置関係から、太陽・月に次いで3番目に明るく見えています。

　とても明るく、そして美しく、さらには地球からも見つけやすい天体なので、古代からたくさんの人たちに親しまれてきました。

　古代のローマ人が、愛と美の女神『ヴィーナス(Venus)』の名をつけたことからもわかります。

　金星が、火星や水星など、ほかの惑星よりも明るく見える理由は、地球からの距離が近いからですが……もう1つ理由があります。

　それは金星の雲です!

　前述しましたが、金星の上空は、常に二酸化炭素や窒素・二酸化硫黄などを含んだ濃い硫酸(りゅうさん)で形成された厚い雲でおおわれています。

　この雲は反射率がとても良く、太陽光の約78%を反射しています。

　地球の場合は、太陽光の約30%しか反射していません。つまり、金星は反射率が地球の2倍以上もあります。しかも金星が太陽から受ける光の量も地球の2倍くらいなので、地球の4倍以上の光を、まるで鏡のように反射していることになります。そのため、とても明るく、美しく輝いて見えるのです。

　ところで、日本では古くから金星のことを「明星(みょうじょう)」と呼んでいました。

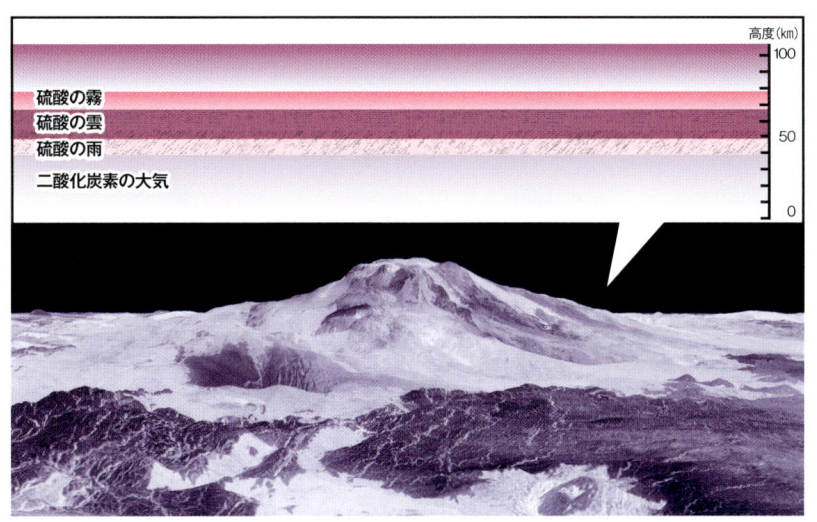

3限目 SF作品の常連「火星」「水星」「金星」の時間

硫酸の霧
硫酸の雲
硫酸の雨
二酸化炭素の大気

標高約8000mの『マヤト山』。この上空には、濃い硫酸で形成された厚い雲が金星全体をおおっている。その大気の成分は、二酸化炭素・窒素・二酸化硫黄などで、地球の4倍以上の太陽光を反射している　　　　　　　　　　　　　　　（出典：NASA）

読んで字のごとく〝明るい星〟だったからです。「明星」と聞くと、「明けの明星」「宵の明星」という言葉を連想する人も多いことでしょう。

　これは地球からの金星の見え方と深い関係があります。金星を地球上から見るには、2つのタイミングしかありません。
「日の出前の東の空」と「日没直後の西の空」――。
　金星の位置によってどちらで見えるかが決まります。日の出前に見える金星を「明けの明星」、日没直後に見える金星を「宵の明星」と呼びます。

🛸 金星と太陽の位置関係で観測できるチャンスは限られる！

　地球からは、夜中に金星を見ることができません。なぜなら、金星が地球の内側を回っているからです。
　金星は、地球よりも太陽に近い軌道を回っています。
　ということは、地球から見て、常に太陽のある側に位置しているわけです。地球は太陽光が届かない時間帯が夜になるので、夜は太陽とは反対側の宇宙を見ています。

地球からの金星の見え方

見える部分 → ← 見えない部分

金星がこの領域に来ることは、惑星の位置関係上で無理なのです。

一方、「昼間はどうか」というと、今度は太陽が空に昇っているので、太陽光が明るすぎて、金星の姿が消えてしまいます。そのため、金星を見ることができるのは、太陽光が弱い明け方か夕方しかないのです。

なお、金星は月と同じように〝満ち欠け〟をしています。月と比べるととても小さく見えるので、少々わかりづらいのですが……ぜひ、天体望遠鏡で観測してみてください！

★Answer

「日の出前の東の空」、もしくは「日没直後の西の空」を見上げてください！
天空で明るく輝く金星に出逢えます。

4限目

謎だらけの〝魅惑〟の世界
「太陽系」と「銀河系」の時間

Q.30 太陽系の惑星は、3種類に区分できるらしい!?

難易度 C

🚗 私たちの地球は「岩石」「金属」が主成分の「岩石惑星」だった

太陽系の8つの惑星は、太陽からの距離が近い順に「水星→金星→地球→火星→木星→土星→天王星→海王星」というように並んでいます。

これらの惑星は、すべて同じ構造ではありません。比較的に似ている惑星同士で、以下の3つのグループに区分するのが一般的です。

①:「岩石惑星（地球型惑星）」
②:「巨大ガス惑星（木星型惑星）」
③:「巨大氷惑星（天王星型惑星）」

①の「岩石惑星」は、「水星→火星まで」の惑星のこと。主な成分は岩石や金属から形成されています。

②の「巨大ガス惑星」は、木星と土星で、成分の大部分が水素やヘリウムのガスになっています。

最後の③の「巨大氷惑星」は、②の巨大ガス惑星よりもガスの量が少なく、水・メタン・アンモニアなどが凍ってできた氷の量が多いのが特徴的です。太陽系では、天王星と海王星が該当します。

🚗 グループの区分における判断基準は「太陽から受ける熱の量」

太陽系の惑星には、なぜこのようなグループができるのでしょうか。
その謎を解くカギは、太陽から受ける熱の量にありました。

太陽系の惑星のグループ

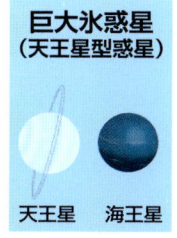

岩石惑星（地球型惑星）：水星、金星、地球、火星

巨大ガス惑星（木星型惑星）：木星、土星

巨大氷惑星（天王星型惑星）：天王星、海王星

　太陽からの距離が近い場所に位置することは、それだけ太陽から受ける熱の量も多いので、熱に強い岩石や金属が残ります。それらが衝突や合体を繰り返したことで岩石惑星として大きくなったのです。

　一方、太陽から遠い場所では、氷が溶けずに残っているので、岩石や金属と一緒に氷も惑星の〝原料〟になります。氷が加わることで、惑星の核が巨大なものになりました。

　たとえば、木星の核は「地球の約10倍〜45倍もある」と見られています。巨大な核を形成した惑星は、重力も大きくなり、周りにあったガスを引きよせてさらに巨大化し、巨大ガス惑星へと成長していきました。

　天王星と海王星は、太陽系の外側に位置していたのが災いしてか、たくさんのガスを取りこむことができなかった……というわけです。

★Answer

太陽系の8つの惑星は、構造上の違いで「岩石惑星」「巨大ガス惑星」「巨大氷惑星」の3グループに区分されます。

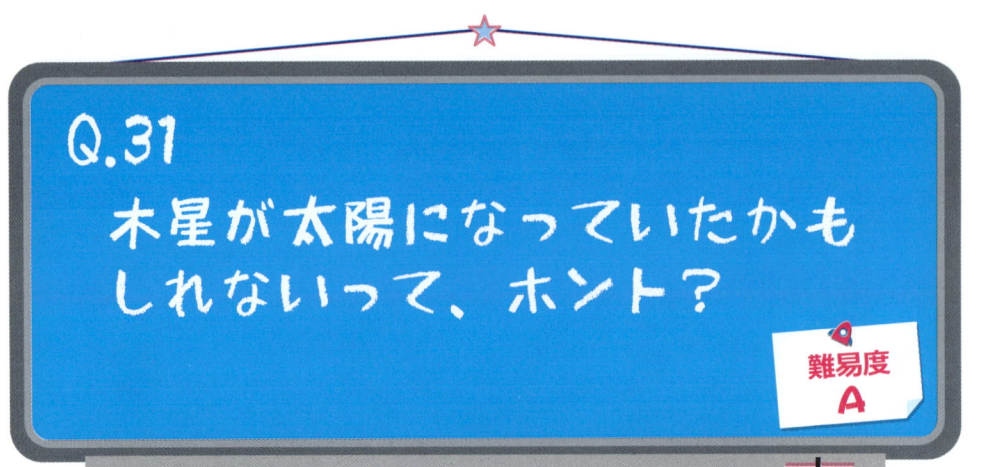

Q.31 木星が太陽になっていたかもしれないって、ホント?

難易度 A

🚗 木星はなにもかもが仲間のなかで最大級の〝マンモス惑星〟

太陽系のなかで一番大きな天体は、太陽です。

その大きさは、太陽系のなかでも圧倒的で、太陽系を構成する天体の全質量の約99.8％をしめています。

この数字を見るだけで、いかに太陽が大きいかがわかるでしょう。

太陽を除いた太陽系の天体のなかで、もっとも大きい惑星が木星です。

木星の直径（大きさ）は約14万2984kmで、これは地球の約11倍になります。質量（重さ）は地球の約318倍もあり、ほかの7つの太陽系の惑星をすべて足した質量のじつに約2.5倍にも匹敵する重さです。さすがに想像がつきませんね。

さらに、体積は地球の約1300倍もあります。

木星は、とても大きくて重い惑星ですが、それをつくっているのは、意外にも宇宙で一番軽い水素とヘリウムのガスなのです。つまり、木星は岩石や氷でできた核の周りに水素とヘリウムのガスが集まってできた「巨大ガス惑星」といえます。そのため、木星には、水星や金星などの岩石でできた惑星に見られるかたい地面がありません。

「とても軽いガスが集まって、木星のような巨大な惑星ができた」——。

これは少し不思議な感じがしますよね。

でも……あの太陽も水素とヘリウムのガスからできているのです。

4限目 謎だらけの〝魅惑〟の世界 「太陽系」と「銀河系」の時間

♃ 木星　Jupiter（ジュピター）

（出典：NASA）

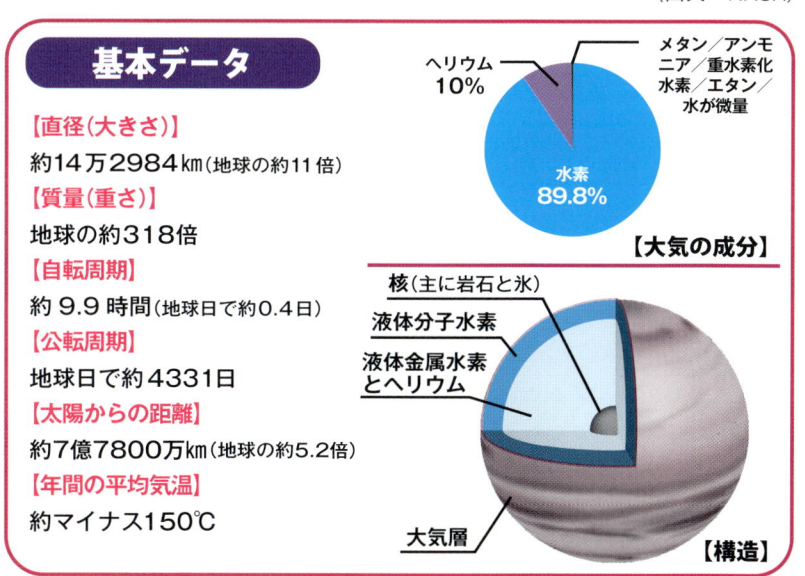

基本データ

【直径（大きさ）】
約14万2984km（地球の約11倍）
【質量（重さ）】
地球の約318倍
【自転周期】
約9.9時間（地球日で約0.4日）
【公転周期】
地球日で約4331日
【太陽からの距離】
約7億7800万km（地球の約5.2倍）
【年間の平均気温】
約マイナス150℃

【大気の成分】
- 水素 89.8%
- ヘリウム 10%
- メタン／アンモニア／重水素化水素／エタン／水が微量

【構造】
- 核（主に岩石と氷）
- 液体分子水素
- 液体金属水素とヘリウム
- 大気層

木星と太陽のそれぞれを構成する成分を見比べると、とてもよく似ていることがわかります。これはよく考えたら当たり前のことかもしれません。なにしろ木星のもとになっているのは、太陽がつくられるときに余ったガスやチリだからです。
　でも、水星・金星・地球・火星も同じように太陽の〝余りもの〟でできているはずですよね。でも、これらの惑星は、太陽や木星とは違い、岩石や金属が主体となっています。
　このように、惑星の構造に違いが生じる最大の要因は、太陽からの距離です。このあたりに関してもう少し詳しいお話をしておきます。

🔺「太陽になり損ねた惑星」といわれる由縁には……なにが？

　太陽ができたあとの「原始太陽系円盤」では、太陽からの距離が近い場所は高温になるために、それに耐えられる岩石や金属のチリがたくさん残るようになりました。
　しかし、太陽からの距離が遠くなると、氷の粒(つぶ)も残り、氷がチリの主体になっていきます。そのため、「原始木星」は「原始地球」などよりも大きく成長したと考えられています。大きく成長した原始木星は、重力も大きくなるので、太陽の周りに残っていたガスを引きよせて巨大なガス惑星になっていくのです。仮にこのまま木星が大きくなり続ければ、太陽のように熱核融合(ねつかくゆうごう)が始まり、〝恒星(こうせい)〟になっていたかもしれません。
　ところが、太陽の周りに残っていたガスでは、熱核融合を起こすほど大きな天体をつくることができませんでした。しかも一部のガスが土星などの材料になってしまったのです。

　木星が太陽のように自ら光り輝く恒星になるためには、ガスをもっとまとい、重さが現在よりも約70倍〜80倍にならなければいけません。
　よく木星は「太陽になり損ねた惑星」といわれますが、その由縁は、こうした実情があったのです。
　もし、木星が熱核融合を起こすくらいにまで成長し、恒星になっていたら……今の地球は存在しなかったでしょう。

4限目　謎だらけの〝魅惑〟の世界　「太陽系」と「銀河系」の時間

　そう考えると、私たち人間が存在するのも「木星が太陽になれなかったおかげ」ともいえますね。

　ちなみに、木星は太陽系でもっとも多くの衛星を持つ惑星です。名前がきちんとついているものが50個、仮の番号のものが16個もあります。
　特に有名なものは『ガリレオ衛星』と呼ばれる4つの衛星です。これらの衛星は、世界で初めて天体望遠鏡で木星を見たガリレオ・ガリレイ（23ページ参照）が発見したことから、そう呼ばれるようになりました。
　なお、ガリレオ衛星は『イオ』『エウロパ』『ガニメデ』『カリスト』の4つの衛星をまとめたものを指します。今なお、その調査に多くの科学者たちが熱い視線を向けています。

太陽系の惑星のなかで最大の木星──。未だ解明されていないことが多く、今後の調査・研究に誰もが注目している〝魅惑〟の天体である　　　　　（出典：NASA）

★Answer

構成する成分は、太陽と非常に似ているのですが……ガスの量が足りずに、太陽と同じ〝恒星〟にはなれませんでした。

Q.32 木星のマーブル模様は意外なものでできていた?

難易度 C

🚗「模様は木星の大地についている」はまったくの勘違い!

　天体望遠鏡で木星を観察すると、赤道に平行して、赤茶色や白色の鮮やかな縞模様(マーブル模様)があることに気がつくはずです。

　これを見て、「木星の大地についた模様だ」と思う人もいるでしょうが、木星は水素やヘリウムのガスでできた「巨大ガス惑星」なので、かたい地面は存在しません。そのため、「木星の大地についた模様」という考えは間違いです。いったいどうやってできたのでしょうか。

　木星の縞模様を形成しているのは、大気のなかにできた雲です。木星の大気には、メタン・アンモニア・硫化アンモニウム・水蒸気などの成分があり、それらがさまざま色の雲を形成しています。
「どうして雲が縞模様になるのか」といえば、木星の上空に強い風が吹いているからです。この風は場所によっては、最大風速が秒速約170kmにまで達することもあります。赤道に平行して東風と西風が交互に吹いているために、この風に雲が乗って縞模様をつくり出すのです。

　木星の表面では、縞模様と同時に"渦模様"もたくさん見られます。この渦模様も雲と風によってつくられ、その下では嵐が起こっています。
　東風と西風がすれ違う場所では気流が乱れ、渦模様がつくられますが、その大きさは場所によってまちまちです。

🪐 木星の代表的な2つの模様『赤道縞』と『大赤斑』の特徴

　木星の模様のなかで有名なものは、赤道をはさんで2本の暗い縞模様が走る『赤道縞(せきどうしま)』と、まるで〝巨大な目玉〟ようにちょっとおどろおどろしくも見える『大赤斑(だいせきはん)』です。大赤斑は1830年に木星観測が本格的に始まって以来、その形や大きさ・色などは変わっていますが、今までに一度も消えたことがありません。

　ただし、最近の観測では小さくなっていることが確認されています。

　一方、赤道縞は一度も消えたことがない大赤斑とは違って、3〜15年の周期で消失することがわかっています。

　最近では、2010年5月に赤道縞の1本が完全に消え、2011年に復活したことで大きな話題になりました。

　このように、雲と風によってつくられている木星の模様は、常に変化し続けているのです。

【木星の大赤斑】：写真の中央に見えるのが、地球の約2個分の大きさをほこる大赤斑。形や色・大きさなどに変化はあっても、一度も消えたことがない　　　（出典：NASA）

★Answer

模様を形成するのは、強い風と大気中にできた雲です。

Q.33 土星だけがリング（環）を持っているわけではない！？

難易度 C

🚗 地球からは1本のリングに見えるが……じつは7本だった

　太陽系の惑星のなかで、2番目に大きな惑星は土星です。

　この惑星の一番の特徴は、やはり大きなリング（環）の存在でしょう。

　土星は、直径（大きさ）約12万536kmで、これは地球の約9.5倍もあり、隣りに位置する木星に次ぐ大きさをほこります。しかもリングがあることで、より存在感が増します。

　地球からも見える一番目立つリングは、直径約27万kmで、土星の直径の約2倍以上も広がっています。厚さは数十〜数百mしかなく、とてもうすいものです。仮に土星のリングが、直径約1kmの〝円盤〟だったとすると、厚さは約0.4mmしかありません。この数値から考えても、土星のリングがいかにうすいかがわかるはずです。

　地球から天体望遠鏡などで観測すると、1本の幅広いリングが土星にかかっているように見えるため、「土星のリングは1本だ」と思いこんでいる人も多いことでしょう。

　でも、近くでよく観察すると、リングは7本にわかれています。驚くことに一番遠いリングは、土星から約48万kmも離れているのです。

　さらに、7本のリングには、アルファベットで名前がつけられており、内側から【D→C→B→A→F→G→E】の順番に並んでいます。順番がバラバラなのは、発見された順に名づけられたからです。

4限目　謎だらけの〝魅惑〟の世界　「太陽系」と「銀河系」の時間

♄ 土星　Saturn（サターン）

（出典：NASA）

基本データ

【直径（大きさ）】
約12万536km（地球の約9.5倍）
【質量（重さ）】
地球の約95倍
【自転周期】
約10.7時間（地球日で約0.44日）
【公転周期】
地球年で約29.5年
【太陽からの距離】
約14億2940万km（地球の約9.6倍）
【年間の平均気温】
約マイナス140℃

【大気の成分】
- ヘリウム 3%
- 水素 96%
- ※そのほかにメタン／アンモニア／エタンなども含まれる

【構造】
- 核（岩石と氷）
- 液体分子水素
- 液体金属水素とヘリウム
- 大気層

7本のリングのなかでAとBは、1610年に発見されましたが、その発見者は、あのガリレオ・ガリレイです（23ページ参照）。
　ただし、その当時、ガリレオが目にしたのは耳のようなものがついた土星の姿でした。まだ望遠鏡の性能がそれほど高くなかった時代だったので、ガリレオは土星の周囲にリングがあることに気がつかず、「不思議な耳のようなものがある」と思っていたようです。

　土星の周囲にリングがあることが明らかになったのは、1655年になってからです。オランダの天文学者であり、物理学者・数学者でも知られるクリスチャン・ホイヘンス（1629～1695）が発見しました。
　そして、20世紀までにCリングの存在が判明します。
　その後……1969年にDリング、1971年に土星探査機『パイオニア11号』によってEリング、1980年に土星探査機『ボイジャー 1号』によってFリングとGリングがそれぞれ発見されました。

👾「いつ」「どのようにして」できたのかは未だわかっていない！

　土星のリングが発見されたころは、レコード盤のような固体の平面なのではないかと考えられていたようです。
　ところが、よく調べていくと、細かい氷の粒やチリで形成されていることがわかってきました。また、1つひとつの粒は周りのものとつながっているわけではなかったのです。秩序を保ち、整然と並んでいるために平面のように見えているだけだったことが明らかになってきました。
　リングの構造はわかったものの、「いつ」「どのようにして」できたのかは、まだわかっていません！
　現在挙がっている仮説は、2つあります。
「土星が誕生するときに〝ミニ円盤〟ができた」という説。
「土星に近づいた彗星や氷でできた〝衛星〟がくだけた」という説。
　ただし、外側にあるGとEの2つのリングは、つくられ方がほかのリングとは違っています。Gリングは、土星の衛星にいん石が衝突したことによってできた破片からつくられたと考えられています。また、Eリングは、

土星の衛星『エンケラドゥス』（140ページ参照）から噴き出される水蒸気が材料になっていると見られているようです。

　じつはリングを持つ惑星は、土星だけではありません。木星や天王星・海王星にもリングがあります。
　これらの惑星のリングは、1977年に発見されたものです。
　しかし、天王星だけは、最近の研究でどうも違う〝見解〟が出ているようなのです。後述する天王星の発見者であるウィリアム・ハーシェル（1738〜1822）が、「1797年に天王星のリングを発見していたのではないか」という説も考えられています。
　実際、彼は1797年12月に天王星のリングらしきものに関して、論文で報告していましたが、当時は、その主張は「間違っている」と思われていたのです。それから200年間、天王星のリングは発見されることがなかったので、ハーシェルも発見していないことになってしまいました。
　ところが、1797年に発表されたハーシェルの論文と、現在の天王星のデータを比べてみたら、リングの大きさ・色などが正確に記述してあったのです。もし仮にハーシェルが天王星のリングを発見していた場合、「200年の間、どうして誰もリングを見つけることができなかったのか」という大きな疑問が残ります。
　なお、現在、天王星には13本のリングの存在が確認されています。

★Answer

「土星だけがリング（環）を持っている」と思いがちですが、木星・天王星・海王星にもあります！

Q.34 土星のある衛星が注目されているらしい……なぜ？

難易度 B

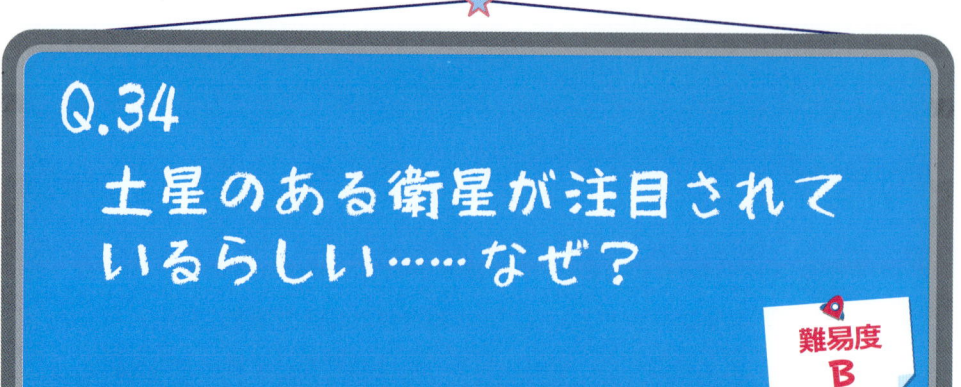

🚗『カッシーニ』が送ってきた写真に映っていた驚愕の事実

　太陽系の惑星のなかでは、火星だけしか地球外生命が存在する可能性はないのでしょうか。……どうやらそうでもなさそうなのです。土星の周囲を回る衛星にも「地球外生命が存在するかもしれない」といわれています。

　土星は、太陽から約14億2940万kmも離れていて、太陽から送られてくるエネルギーは、地球の約100分の1。そのため、年間の平均気温は約マイナス140℃しかありません。

　土星の周りにある衛星たちも、状況は似たようなものです。

　そのような天体に、なぜ生命の存在がささやかれているのでしょうか。

　ターゲットとして挙げられているのは、土星のEリングの場所にある『エンケラドゥス』と呼ばれる衛星です。この衛星は、Eリングを形成するのに深くかかわっているのではないかと考えられていました。

　そこで、2004年に『NASA』の土星探査機『カッシーニ』が土星に向かった際に、エンケラドゥスも詳しく調べることにしたのです。

　カッシーニが送ってきたエンケラドゥスの写真は、驚くべきものでした。

　表面は、ほとんど氷におおわれてなめらかな状態でしたが、縦に何本もの筋ができていました。この筋の正体は〝氷の裂け目〟で、ここから大量の氷と水蒸気が噴出して、Eリングを形成していたのです。

🛸『エンケラドゥス』の内部に似た場所が地球にもあった！

科学者たちが一同に驚いたのは、それだけではありません。

エンケラドゥスの表面をおおっている氷の下に、「水の海」があることがわかってきたのです。

じつはエンケラドゥスは、土星やほかの衛星たちの影響で衛星の内部に摩擦熱が生じて、中心部分の温度がとても高くなっていました。そのため、中心に近い氷が溶けて海ができていたのです。つまり、太陽からの距離が遠い衛星にもかかわらず、「エネルギー」と「液体の水」という生命が存在するための3つの条件のうち、2つをクリアしていました。

エンケラドゥスの内部とよく似ている場所が、じつは私たちの地球にもあります。深海にある熱水噴出孔（ねっすいふんしゅつこう）の付近です。太陽光が届かない深海では、生物と遭遇することはほとんどないのですが、地球内部のエネルギーが供給される熱水噴出孔の近くには、無数の生物が身をよせるように暮らしています。

多くの科学者は、「エンケラドゥスの海底にも同じような環境があり、たくさんの生物が暮らしているのではないか」と期待をふくらませているのです。

【エンケラドゥス】：写真の下のほうに見える縞模様のタイガー・ストライプが特徴的　　　（出典：NASA）

⭐Answer

太陽からの距離が遠いにもかかわらず、土星の衛星『エンケラドゥス』は、生命が存在するための3つの条件のうち、2つをクリアしているからです！

Q.35 天王星を観測すると、横倒しの状態ですけど？

難易度 A

🪐 最初の名前は普及せず……天空の神『ウラヌス』で落ち着く

　天王星は、人類が望遠鏡を使って見つけることに成功した初めての惑星です。その発見者は、これまでにもたびたび登場してきたウィリアム・ハーシェル（1738〜1822）で、1781年に発見しました。

　当初、ハーシェルは発見した新しい惑星を、当時のイギリス国王だったジョージ3世の名にちなんで『ジョージの星』と名づけたのですが、残念なことにイギリス以外では、あまり普及しませんでした。

　たしかにこの名前では、普及しないのもうなづけますね。

　その後、いろいろな名前が考案され、最終的にはギリシャ神話に登場する天空の神『ウラヌス』の名に落ち着きました。

　天王星は、直径（大きさ）が約5万1118kmと、地球の約4倍で、太陽系のなかでは3番目に大きい惑星です。質量（重さ）は地球の約14.5倍、体積は地球の約63倍もあります。また、太陽から約28億7503万kmも離れているために、太陽から届くエネルギーの量は少なく、天王星の平均気温は約マイナス200℃と〝極寒の世界〟になっています。

　天王星をつくっている成分の大部分は、氷です。かつて天王星は、木星や土星と同じ「巨大ガス惑星」であると考えられていましたが、現在は氷の成分のほうが多いので、「巨大氷惑星」に分類されています。

4限目　謎だらけの〝魅惑〟の世界　「太陽系」と「銀河系」の時間

♅ 天王星　Uranus（ウラヌス）

（出典：NASA）

基本データ

【直径（大きさ）】
約5万1118km（地球の約4倍）
【質量（重さ）】
地球の約14.5倍
【自転周期】
約17.2時間（地球日で約0.7日）
【公転周期】
地球年で約84年
【太陽からの距離】
約28億7503万km（地球の約19倍）
【年間の平均気温】
約マイナス200℃

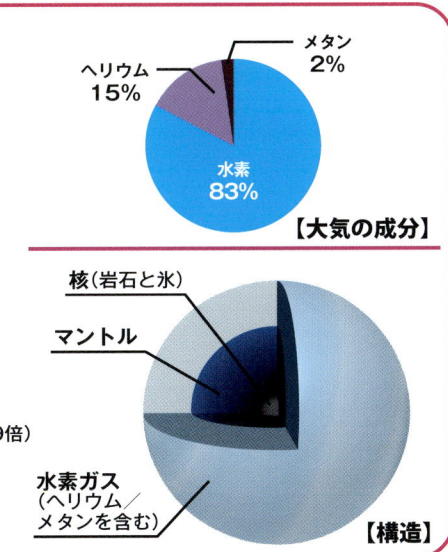

【大気の成分】
- 水素　83%
- ヘリウム　15%
- メタン　2%

【構造】
- 核（岩石と氷）
- マントル
- 水素ガス（ヘリウム／メタンを含む）

143

天王星が巨大ガス惑星にならなかった理由は、太陽系が誕生したときの状況にあると考えられています。
　太陽系が誕生したとき、外側に位置する惑星ほど、その成長に時間がかかります。木星や土星は、中心にある核の部分がある程度まで成長してから、周りにあるガスを引きよせ、巨大ガス惑星に成長しました。
　同じように、天王星も核がある程度に成長した段階で、たくさんのガスを引きよせる予定だったのですが……。
　木星や土星よりも成長が遅かったために、核が成長してガスを引きよせられるようになったころには、大半のガスは木星や土星に取られてしまっていた。そのため、かろうじて残っていたガスを少しだけ引きよせて、今の状態にまで成長した——これが現在の見解のようです。

🪐 自転軸が約98度も傾いているが、未だその原因は不明！

　この惑星の一番の特徴は、やはり自転軸の傾きでしょう。
　天王星は公転面に対して、自転軸が約98度も傾いていて、横に倒れたような状態になっています。
　地球は公転する向きに対して、自転する向きが〝平行に近い状態〟になっていますが、天王星の場合は、公転する向きに対して、自転する向きが〝垂直に近い状態〟なのです。
　じつは天王星が横倒しの状態になった理由は、まだよくわかっていません。今のところ、有力なのは「巨大な原始惑星との衝突」説です。

　天王星ができたばかりのころは、現在のように自転軸は傾いておらず、公転と同じ方向に自転していたと考えられています。
　しかし、そのうち巨大な原始惑星がやってきて、ぶつかった衝撃で、自転軸が傾いてしまったのではないかと見られているようです。
　「実際に原始惑星が衝突した」という証拠はありませんが、太陽系の惑星がつくられたころは、天体同士の衝突は、現在よりもひんぱんに起こっていたので、ある程度の信憑性（しんぴょうせい）は高いでしょう。
　なお、天王星の周りには、13本のリングと27個の衛星があることが

確認されました。これらのリングと衛星の材料は、原始惑星が衝突したときに飛び散ったガスやチリではないかと考えられています。
　さらに、天王星は、地球と同じように磁場を持っているのですが、磁場の〝極〟が自転軸から約60度もズレています。それだけでなく磁場の中心が惑星の中心からはずれた場所にあり、少し変わった状態になっています。このような状態になった理由も、まだよくわかっていません。
　謎多き惑星ゆえに、今後の調査・研究の結果が待たれます。

フレデリック・ウィリアム・ハーシェル
なるほど偉人伝 file.06

ドイツ出身のイギリスの天文学者・音楽家・望遠鏡製作者。
1738年にドイツのハノーファーで、10人兄弟姉妹の4番目の子どもとして生まれる。父は近衛連隊の楽団員として働いており、ハーシェルもオーボエ奏者として入団。16歳のときに軍とともに渡英したものの、ドイツとフランスの戦争に巻きこまれ、人生が一変する。やがてイギリスのバースでオルガン奏者となりながらも、望遠鏡づくりに熱中し、自作の望遠鏡で天体観測を始める。
人生の転機は1781年3月31日に訪れた。彼は自宅で天王星を発見し、一躍有名人に。
その後も天体観測・研究に専念し、天王星の衛星や土星の衛星を発見。さらには赤外線放射の発見など、天文学に数多くの偉業を残した。

(1738～1822)

Answer

確かな証拠はありませんが、「天王星ができたばかりのころに、巨大な原始惑星と衝突したからではないか」というのが、現在の見解です。

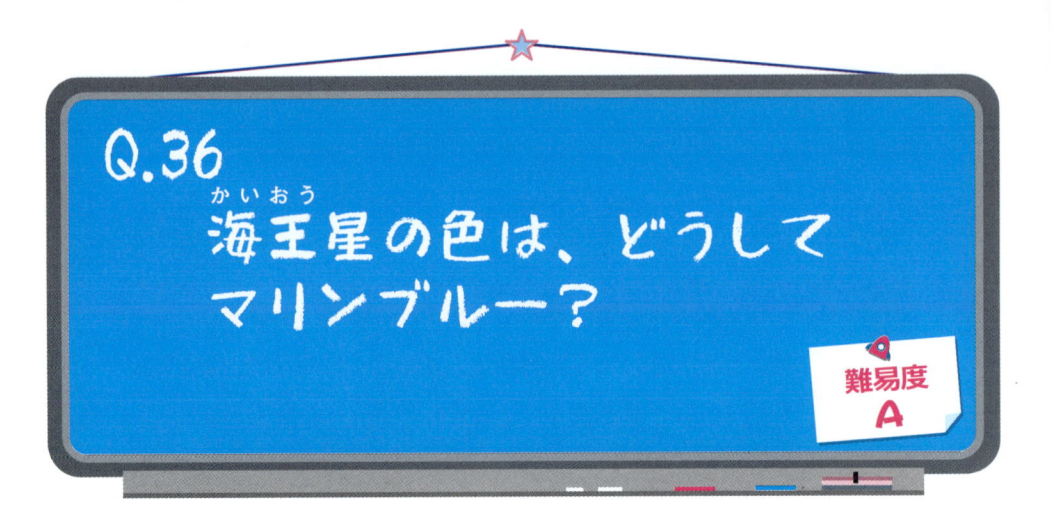

Q.36 海王星の色は、どうしてマリンブルー？

難易度 A

🪐 天王星によく似た青色に輝く惑星・海王星の実態

　太陽系の惑星のなかで、もっとも外側を回っている海王星は、天王星と同じように「巨大氷惑星」に分類されます。直径（大きさ）は約4万9528kmで、天王星をひと回り小さくした感じです。内部構造は、天王星とほぼ同じで、外見も青色とよく似ています。
　ただし、海王星のほうが色合いは濃いです。

　海王星の特徴といえば、マリンブルーの色調ですが、これは海王星の大気によってもたらされていることがわかっています。
　この惑星の大気は、ほとんどが水素によって形成されているのですが、そのなかに少量のヘリウムやメタンを含んでいます。メタンは赤色や黄色の光を吸収するため、惑星全体が青く見えるわけです。

　海王星の表面をよく観察してみると……縞模様がうっすらと存在することに気がつくでしょう。
　この縞模様は、大気に発生する〝雲〟によってつくられています。海王星では、大気の活動が非常に活発で、赤道付近では時速約2000kmにも達する強風が吹き荒れているのです。
　海王星は、太陽から約45億445万kmも離れていて、地球の約900分の1しか太陽光が届いていません。

4限目　謎だらけの〝魅惑〟の世界　「太陽系」と「銀河系」の時間

♆ 海王星　Neptune（ネプチューン）

（出典：NASA）

基本データ

【直径（大きさ）】
約4万9528km（地球の約3.9倍）

【質量（重さ）】
地球の約17倍

【自転周期】
約16.1時間（地球日で約0.67日）

【公転周期】
地球年で約165年

【太陽からの距離】
約45億445万km（地球の約30倍）

【年間の平均気温】
約マイナス200℃

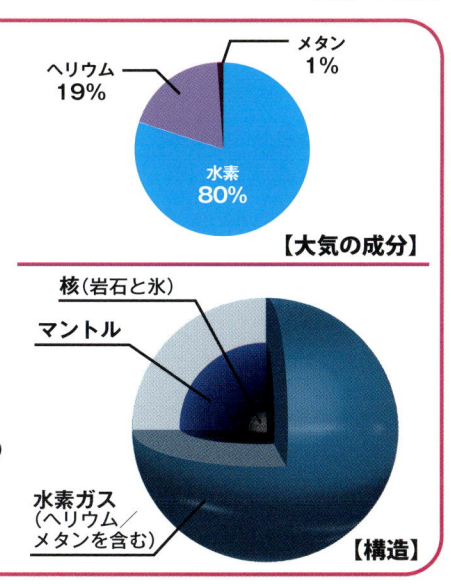

【大気の成分】
- 水素 80%
- ヘリウム 19%
- メタン 1%

【構造】
- 核（岩石と氷）
- マントル
- 水素ガス（ヘリウム／メタンを含む）

ところが、海王星は受け取っている太陽エネルギー以上の熱を放出しているのです。そのため、海王星の内部には、その差を埋めるための熱の〝発生源〟があるのではないかと考えられていますが、詳しいことは、まだよくわかっていません。

　さらに、海王星の表面は、縞模様のほかにも木星の『大赤斑』（135ページ参照）に似たような暗い模様を見ることができます。
　これは『大暗斑』と呼ばれるものです。この大暗斑は、海王星上で嵐が起こっている場所にできます。発生原理は、木星の大赤斑と同じなのですが、大赤斑が300年以上一度も消えたことがないのに対し、大暗斑は数年間で消失してしまうと考えられています。
　実際、1989年に探査機『ボイジャー2号』が海王星に接近したときに、海王星の表面に大暗斑を観測していたのですが……1994年に『ハッブル宇宙望遠鏡』を海王星に向けたときには消えていました。
　同じような仕組みでできている2つの惑星の模様にもかかわらず、これほどまでに寿命の差があるのは、とても不思議なことですね。

🪐 人類初の「科学理論」に基づいて発見！ 発見者はまさかの3名

　海王星も、天王星と同じように望遠鏡による観測技術が進歩したことによって発見されています。ただ、天王星と海王星では発見のされ方に大きな違いがあります。
　天王星が、ある意味で偶然に近い形で発見されたのに対して、海王星は、理論的な計算によって「海王星があるだろう」と思われる位置を割り出していました。そして、その場所を観測することによって発見されたのです。つまり、海王星は「人類が初めて科学理論によって発見した惑星」といえます。

　人類は、なぜ海王星があることに気がついたのでしょうか。
　じつは海王星の発見には、天王星が大きくかかわっています。1781年に天王星が発見されてから、しばらく観測してみると、天王星の実際

の公転軌道が、計算上の公転軌道からズレていることがわかりました。この軌道のズレの原因を探っていくうちに、天王星の外側にまだ知られていない惑星があるのではないかと考えられるようになったのです。

　そして、1846年にフランスの天文学者であり、数学者でも知られているユルバン・ルヴェリエ（1811～1877）が、未知の天体の場所を予測し、その予測をもとにドイツの『ベルリン天文台』のヨハン・ゴットフリート・ガレ（1812～1910）が観測し、新しい惑星を発見しました。

　この惑星は、ローマ神話の海の神『ネプトゥヌス』の名から『ネプチューン』と名づけられ、日本では「海王星」と呼ばれるようになりました。

　ただし、のちに海王星の場所は、ルヴェリエと同じ時期にイギリスの天文学者であるジョン・クーチ・アダムズ（1819～1892）も予測していたことがわかりました。

　現在は、この3名が海王星の発見者とされています。

　ちなみに、太陽系のなかでもっとも外側を回っている海王星は、当然に公転の周期も長くなり、太陽の周りを約165年もかけて1周します。

　1846年に発見された時点から数え始めたとして、2011年にようやく1周が終わったところなのです。

★Answer

海王星の大気には、メタンが含まれているために、赤色や黄色の光が吸収され、青く見えるのです。

Q.37 太陽や太陽系の惑星にも、寿命がある……!?

難易度 B

恒星にも寿命があり、最期を迎える日は質量で決まる

　私たち人間に寿命があるように、恒星にも寿命があります。
　現在の宇宙は、無数の恒星が誕生と死を何度も繰り返してきたことで成り立っています。太陽も恒星の1つにしかすぎないので、当然、寿命があり、いつかは〝死〟を迎えるのです。
　恒星は、ほぼ水素やヘリウムのガスで形成されています。このガスが恒星自身の重みで圧縮されることで、中心部分の温度と圧力が増し、熱核融合が起こるわけです。中心部分で燃料となるガスが枯渇すると、熱核融合も止まるため、恒星はその輝きを失い、死へと向かいます。

　ところで、恒星の寿命は、どのようにして決まるのでしょうか。
　結論から先に述べると、恒星そのものの質量（重さ）で決まります。そのため、恒星は重くなればなるほど寿命は短くなり、軽いものほど長生きするのです。少し意外に感じる人もいるでしょうが、重い恒星は重力が大きくなるので、それだけ熱核融合の反応スピードも早く進むため、燃え尽きるのも早くなります。

太陽の〝死〟まで残り約70億年──そのとき、なにが起こる？

　太陽の寿命は、「約100億〜120億年ほどだ」といわれています。
　現在、太陽は約46億歳。人間だと……40歳くらいでしょうか。

その太陽も、あと約50億〜70億年で輝くためのエネルギーをほぼ使い果たして、小さな「白色矮星（自分で光り輝くエネルギーをつくり出すことができなくなってしまった星）」になってしまうのです。

要するに、死を迎えるわけですね。

太陽系は太陽を中心とした天体の集合体。そのため、仮に太陽が死を迎えてしまうと、太陽系にも大きな変化をもたらします。

太陽は、その寿命が尽きるのが近づくにつれ、徐々に大きくふくらんでいき、巨大な恒星・「赤色巨星」に姿を変えていきます。どのくらい巨大化するのかは定かではありませんが、一説では、現在の約200倍〜300倍にもふくらむと考えられています。

このとき、金星や水星といった太陽に近い惑星は、巨大化した太陽に飲みこまれてしまうことでしょう。

じつは地球は「飲みこまれる」という説と、「今よりも外側の軌道に移動して飲みこまれない」という2つの説が考えられています。仮に運良く飲みこまれなかったとしても、太陽がふくらみ始めた時点で、地球は生命が暮らすことのできない星になってしまいます。

そもそも太陽は、巨大なガスの塊。ですので、白色矮星になる過程で、周囲に大量のガスを放出します。すると、太陽の質量が小さくなって、今よりも重力が小さくなるはずです。そうなると、外側に位置する天体は太陽から離れていくことでしょう。

★Answer

太陽の寿命は、あと50億〜70億年ほど。それに伴い、地球を含む太陽系の惑星にも大きな変化が起きるそうです！

Q.38 どうして、冥王星（めいおう）だけが仲間はずれなの？

難易度 B

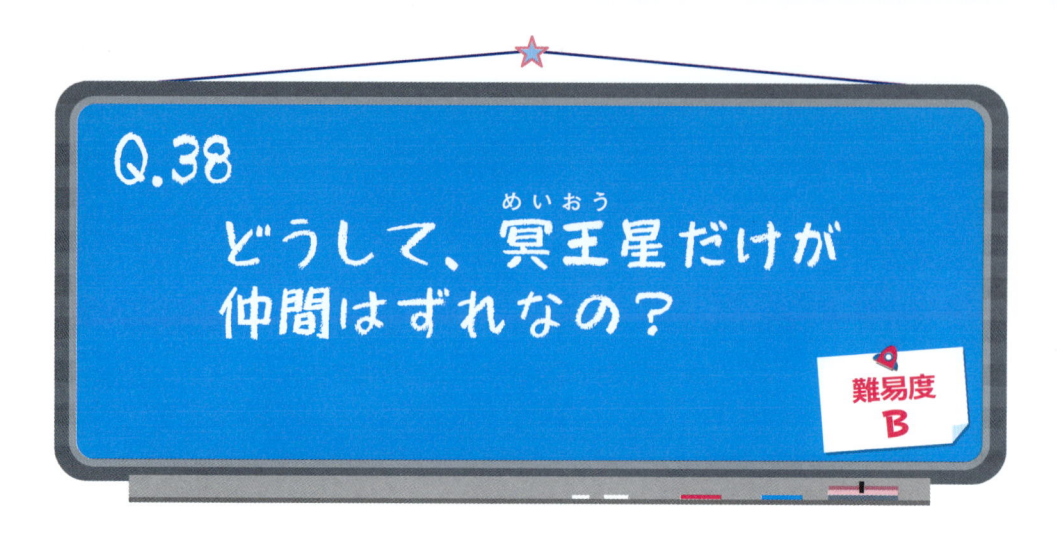

🚙 2006年8月の国際総会で正式に〝惑星枠〟から除外決定！

現在、社会人になられている人の多くは、小・中学校の授業で「太陽系の惑星は9つある」と習ったはずです。

「水・金・地・火・木・土・天・海・冥（めい）」……と。

ところが、いつの間にか「太陽系の惑星は8つ」になっています。

9つ目の天体は、どこにいってしまったのでしょうか。

じつは太陽系の一番外側にある惑星だった冥王星（めいおう）が、2006年8月に世界中の天文学者が集まる「国際天文学連合」で、惑星の仲間からはずされてしまったのです!!

なぜ冥王星は、惑星の仲間からはずされたのか——気になりますよね。

冥王星は、1930年にアメリカの天文学者であるクライド・ウィリアム・トンボー（1906～1997）によって発見されました。

発見した当初、この惑星は「地球くらいの大きさがある」と思われていましたが、その後の地道な調査で、冥王星のすぐ近くに『カロン』という巨大な衛星の存在を確認したのです。

このカロンがあることで「地球くらいの大きさだ」と勘違いしていただけで、実際は地球や月よりも小さな天体でした。しかも冥王星は、調べれば調べるほど、惑星っぽくない変わりものであることもわかってきました。

まず、内部構造は岩石の核が少しあるだけで、ほとんどが氷です。そのため、128ページでお話ししたグループのいずれにも該当しません。
　さらに、太陽の周りを回る公転軌道も、ほかの惑星と違っていました。冥王星以外の惑星の公転軌道は、ほぼ円形で、軌道面はほぼ同じ面になります。対して、冥王星だけは〝だ円形〟で、軌道面がほかの惑星の面よりも約17度も傾いていたのです。また、観測技術の進歩に伴い、より遠くの天体が見えるようになると、冥王星によく似た小さな天体がたくさん発見されるようになりました。

👾「惑星の定義」が決められていなかったのが……大争論の要因

　このような状況から1990年代に入ると「冥王星は、本当に惑星の仲間として良いものか」という議論がわき起こってきたのです。
　しかし、この議論はなかなか前に進みませんでした。
「発見から60年以上にわたり、惑星として親しまれてきた冥王星を今さら惑星の仲間からはずして良いのか」──。
　こういった意見が根強くあったからです。なかでも、かたくなに反対したのが、アメリカの天文学者たちでした。
　冥王星は、アメリカ人のトンボーが発見した惑星です。「なにがなんでも惑星の仲間として残す」という強い想いがあるのは当然でしょう。
　そして、冥王星の問題は、なんら結論を見出せないまま、議論が始まってからズルズルと10年以上もの歳月が過ぎ去っていったのです。

　この問題が、これほどまでにこじれてしまった要因は、ひとえに「惑星の定義」がきちんと決められていなかったことにあります。

「えッ!? どういうこと??」
　不思議に感じてしまう人が多いのも、仕方がありません。
　じつは人類が誕生してから2006年まで、惑星の定義はハッキリと決められていなかったのです。「自ら光を発しないこと」と「大きさ」などから、なんとなく「惑星だ」といってきたにすぎませんでした。

それが2006年8月に開かれた国際天文学連合の総会で、初めて太陽系の惑星に関する定義が決められたのです。

　最初に総会で提示された案は、「冥王星を惑星として残す」ことのできるものでした。この案に従うと、たしかに冥王星を惑星の仲間のままにしておくことができました。ですが、同時にほかにもある3つの天体も「惑星」と呼ばなければならなくなります。そうなれば、惑星の数は一気に12個になってしまい、余計に混乱しかねません。
　こうした事情から、この案は採用されませんでした。
　結局、総会が採用した案は、以下の3つの条件を満たしている天体が太陽系の惑星となり得るというものだったのです。
　①：太陽の周りを回っている
　②：充分に大きな質量を持っていて、自身の重力によって球形を維持している
　③：自身の軌道上にあるほかの小さな天体を吸収するか、はじき飛ばすほどの大きな重力を持っている

　残念ながら冥王星は、③の条件を満たしていないため、太陽系の惑星の仲間から〝除外〟されることになったのです。

★Answer

国際総会で、正式に太陽系の惑星になり得る条件が定められ、条件を満たさない冥王星は対象からはずされました。

4限目　謎だらけの〝魅惑〟の世界　「太陽系」と「銀河系」の時間

冥王星の軌道

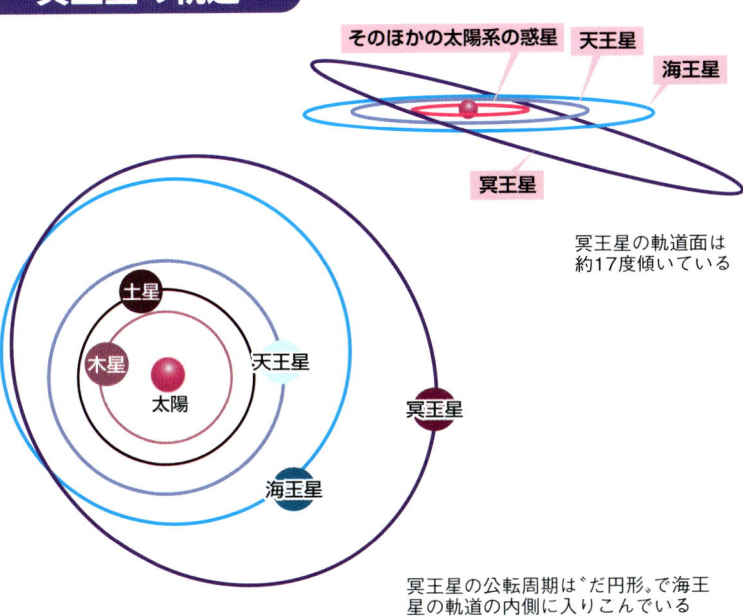

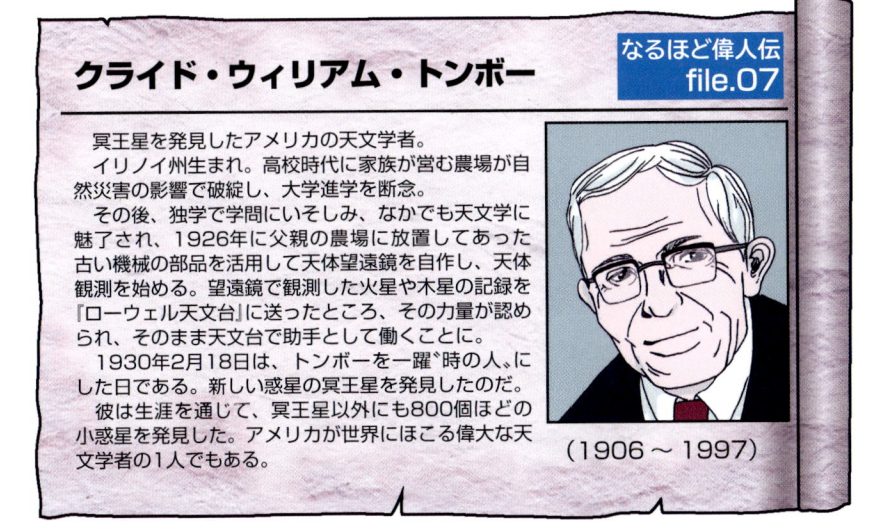

そのほかの太陽系の惑星　天王星　海王星　冥王星

冥王星の軌道面は約17度傾いている

土星　木星　太陽　天王星　冥王星　海王星

冥王星の公転周期は〝だ円形〟で海王星の軌道の内側に入りこんでいる

クライド・ウィリアム・トンボー

なるほど偉人伝 file.07

　冥王星を発見したアメリカの天文学者。イリノイ州生まれ。高校時代に家族が営む農場が自然災害の影響で破綻し、大学進学を断念。
　その後、独学で学問にいそしみ、なかでも天文学に魅了され、1926年に父親の農場に放置してあった古い機械の部品を活用して天体望遠鏡を自作し、天体観測を始める。望遠鏡で観測した火星や木星の記録を『ローウェル天文台』に送ったところ、その力量が認められ、そのまま天文台で助手として働くことに。
　1930年2月18日は、トンボーを一躍〝時の人〟にした日である。新しい惑星の冥王星を発見したのだ。
　彼は生涯を通じて、冥王星以外にも800個ほどの小惑星を発見した。アメリカが世界にほこる偉大な天文学者の1人でもある。

(1906〜1997)

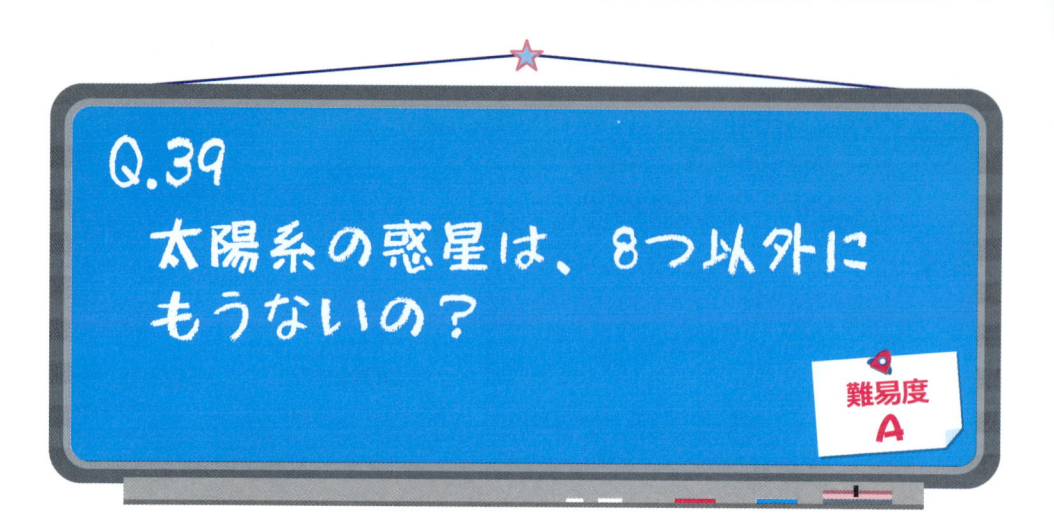

Q.39 太陽系の惑星は、8つ以外にもうないの?

難易度 A

🪐 太陽から約75億km先にある『エッジワース・カイパーベルト』

今のところ、太陽系の惑星は8つになっています。「今のところ」といったのは、今後新しい惑星が発見される可能性があるからです。

2006年に太陽系の惑星の定義が決められたことで、冥王星は惑星からはずされましたが、惑星の定義を満たす天体が新たに発見されれば惑星の数は増えます。

しかし、海王星より先にある天体は、ほとんどが氷を主体とする小さな天体であると考えられています。

惑星の候補になり得る天体は、果たしてあるのでしょうか。

じつは2008年に「新しい惑星があるかもしれない」という研究結果が発表されているのです。これは海王星よりも遠くにあるたくさんの天体の軌道を考えていくなかで提案されました。太陽系の惑星は、チリやガスで形成された大きな円盤からつくられたと考えられています。

ところが、海王星よりも遠い天体は、少し様子が違い、岩石や氷でできた「太陽系外縁天体(以降:TNO)」が存在しています。

TNOは、太陽から約35億〜75億kmの距離に、特に集中して存在しており、それが『エッジワース・カイパーベルト』と呼ばれる〝領域〟です。TNOの公転軌道は、惑星の軌道とは違い、だ円を描いているうえに軌道面も少し傾いています。

とはいえ、そうなっている理由が、太陽系誕生の理論からは説明できませんでした。太陽系の天体は、太陽が誕生したときに、太陽に取りこまれずに残ったガスやチリからできています。それらが太陽の重力の影響で1つの面に集まり、円盤状になり、惑星や小惑星になっていきます。

この原理から考えていけば、TNOでも惑星と同じように円に近い軌道を持っていて良いはずです。軌道面も傾く必要はありません。

🛸 海王星よりも遠い場所に未知の惑星が存在するかもしれない

でも、ある条件が満たされると、TNOがどうしてだ円軌道を持ち、軌道面が傾いているのかが説明できるようになります。

その条件こそが、新しい惑星の存在です！

海王星よりも遠い場所に、まだ未発見の惑星が存在すれば、その惑星の重力が「TNOの軌道に影響を与えた」といえるのです。

実際、TNOにかくれて、海王星よりも遠い場所に未知の惑星が存在するという予測は、いくつか発表されています。そのなかの1つの予測では、その惑星はTNOと同じようにだ円軌道で、「軌道の長半径は約150億〜262億5000万kmもある」といわれてます。太陽に一番近づいたときでも約120億kmも距離があります。つまり、未知の惑星は、エッジワース・カイパーベルトよりも、はるかに遠い場所に位置していることになるのです。ただ、未知の惑星があるとされる場所は、まだほとんど観測されていません。

⭐Answer

今後、新しい惑星が発見される可能性は充分にあり得ます！

Q.40 太陽系は、どこまで広がっているのだろう……

難易度 A

🔸 冥王星の除外問題で「太陽系が小さくなる」と危惧されたが……

「太陽系」といえば、惑星が有名なので「一番外側の惑星の軌道までが太陽系」というイメージを持っている人も多いことでしょう。

現に、2006年に冥王星が太陽系の惑星からはずれるときに、「太陽系が小さくなる」といった意見も出ていました。

でも……実際はそうではありません。

質量の点から考えると、太陽系の約99.8％をしめているのは、太陽です。それに8つの惑星の質量を加えると、太陽系の天体の質量はほぼ押さえられることになります。

しかし、数で考えるとそうはいきません。太陽系のなかには、無数の小惑星が存在しています。小惑星が集中的に存在するのは「火星と木星の間の小惑星帯」と、前述しました『エッジワース・カイパーベルト』です。仮に「エッジワース・カイパーベルトまでを太陽系」としても、海王星までの距離の約2倍以上になります。しかもエッジワース・カイパーベルトの外側にも天体は存在しているので、実際は太陽系はもっと広いと考えられています。

🔸「太陽圏」のさらに外側にある「オールトの雲」までが太陽系⁉

太陽系は、太陽の重力の影響によって形成される天体の集合体のこと

です。ただ、太陽の影響は重力だけでなく、太陽から吹き出される電気を帯びたたくさんの粒子によってももたらされます。

そのような粒子を「太陽風(たいようふう)」といいます（72ページ参照）。

太陽風は「エッジワース・カイパーベルトよりも遠くまで届く」といわれており、その距離は「太陽から約150億〜300億km」にもなるそうです。この範囲を「太陽圏」と呼びます。

太陽圏のさらに外側には、氷でできた小さな天体が〝球状〟に取り囲んでいると考えられています。

この球状の小さな天体の集まりが「オールトの雲」と呼ばれるもので、「太陽から約1兆5000億〜15兆kmの間にある」といわれています。

オールトの雲の存在は、まだ未確認なのですが、周期の長い彗星(すいせい)の軌道を計算していったところ、オールトの雲のような存在があるのではないかと考えられるようになりました。

オールトの雲も太陽の重力の影響によって形成されるものなので、仮に予想どおりにオールトの雲があるとすれば、ここまでが太陽系だと見なすこともできるのです。そうすると……太陽系は現時点で考えられているものよりも、はるかに大きいものとなります。

もし、オールトの雲が太陽から約15兆kmの場所にできていたら、『ボイジャー1号』が、オールトの雲を抜けて太陽系の外に出ることができるのは約3万年以上もかかるそうです。

Answer

現時点の見解では、太陽系は「太陽から約1兆5000億〜15兆km先まで続いている」と考えられています。

Q.41 「銀河」ってなに？なぜそう呼んでいるの？

難易度 C

🚗 宇宙空間に無数に点在する恒星（こうせい）などで形成された〝集団〟

　宇宙には、無数の恒星が存在します。ですが、すべてが均等に散らばっているわけではありません。恒星がたくさんある場所と、そうでない場所があります。

　無数の恒星や星間物質（せいかん）（恒星と恒星の間の宇宙空間に存在する希薄な物質）などが寄り集まっている集団が「銀河」です。

　銀河は、その大きさや形はさまざまで、たとえば、1本の棒のような形を形成するものもあれば、だ円形や球形のもの、巨大な渦（うず）を巻いているようなものなど……じつにたくさんの種類があります。

　宇宙には、こういった銀河が数千億個もあるようです。

　じつは銀河のでき方は、よくわかっていない部分がたくさんあります。銀河は恒星が誕生と死を繰り返すなかで形成され、周りの銀河と衝突や合体をしながら大きくなってきたと考えられています。

　銀河の存在に初めて気がついたのは、天王星（てんのう）の発見者でもあるウィリアム・ハーシェルです（145ページ参照）。

　彼は、18世紀に大型の反射望遠鏡を使って、天空に見える恒星をくまなく調べて〝星の分布図〟を作成しました。すると、天の川の方向には暗い恒星が無数に点在しているのに、天の川から離れていくと恒星の数が減っていることに気がついたのです。

見る者の心をひきつけてやまない「銀河」——その実態は未だ謎が多い（出典：NASA）

　さらに、ハーシェルは、この分布図を見て、天空に見える星たちは、うすい円盤のような形で集まっていることを発見しました。彼が発見した円盤状の形こそが、銀河の形だったのです。

👾 たしか学校の授業で『アンドロメダ星雲』と習いましたが……

　銀河とは、「天にある銀色の河」のことで、もともとは「天の川」を指す言葉でした。天の川は、無数の恒星や星間物質が集まってできた円盤を地球から見た姿だったために、太陽が位置する恒星の集団のことを「銀河」、もしくは「銀河系」と表現するようになったのです。

　ところが、20世紀に入ると、銀河系の外にも恒星の集団があることがわかってきました。そのような集団は、地球からは星のように見えずに、まるで〝巨大な雲の塊〟のように見えたので、「星雲」と呼ばれていました。

　小・中学校の授業で誰もが一度は聞いたことがある、あの『アンドロメダ星雲』も、その1つでした。

銀河系（※イメージ図）

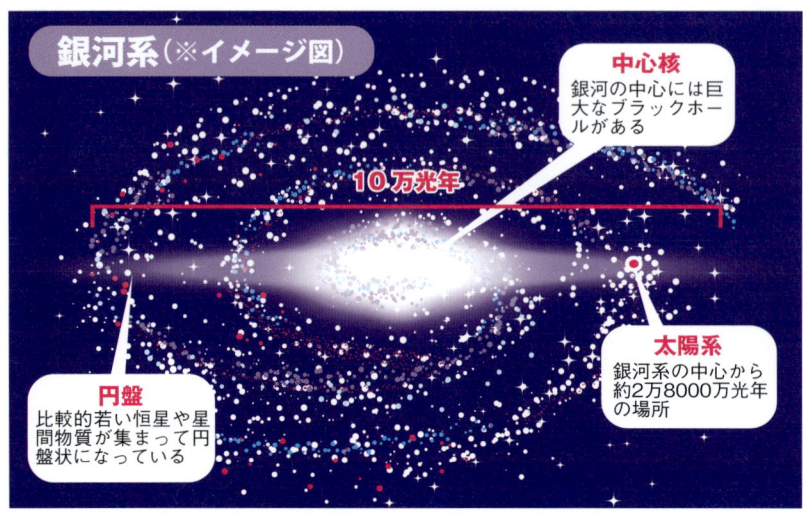

中心核
銀河の中心には巨大なブラックホールがある

10万光年

太陽系
銀河系の中心から約2万8000万光年の場所

円盤
比較的若い恒星や星間物質が集まって円盤状になっている

銀河系のなかに太陽系があり、太陽系のなかに私たちの地球が存在する!!

　現在は、地球からの距離をきちんと測定したところ、銀河系の外にあることがわかり、『アンドロメダ銀河』と呼ばれています。

　「銀河系」という言葉は、私たちのいる銀河のことを指してはいますが、銀河がたくさん登場したために、ほかの銀河と区別して「天の川銀河」という言葉を使うこともあります。

　語源から考えると、天の川も、銀河も、基本的には同じものを指しますが……今は、銀河を「たくさんの恒星の集団」という意味合いで考えるほうが一般的なようです。

★Answer

銀河は、本来は「天の川」のことを指していましたが、現在は、宇宙空間に点在する無数の恒星が、1つの場所に集まっているものを表す言葉です。

5限目

あくなき挑戦の連続！ 「宇宙開発」の時間

Q.42 宇宙を飛ぶ研究施設——。『国際宇宙ステーション』とは？

難易度 C

🚗 世界15カ国が築いた国境のない人類の〝フロンティア〟

　現在、地球から約400km離れた上空には、人類が宇宙につくった最大の研究施設『国際宇宙ステーション（以降：ISS）』が飛んでいます。

　その大きさは、電気をつくるための太陽電池パネルを含めて縦72.8m、横108.5m——サッカーコート1面分とほぼ同じです。

　ISS計画には、日本をはじめ、アメリカ・ロシア・カナダ・欧州11カ国の計15カ国が参加し、各国が協力し合いながら宇宙ステーションの運用に取り組んでいます。

　建設がスタートしたのは、1998年11月。これだけ大きな施設なので、1回で打ち上げることはできません。アメリカのスペースシャトルやロシアのプロトンロケットなどで、50回以上にわけて部品を運び、宇宙で組み立て、2011年7月に完成しました。

　ISSの最大の目的は、人類の宇宙滞在です。ISSは、現在、人間が宇宙に滞在できる数少ない施設の1つで、常時6名の宇宙飛行士が宇宙環境を利用した実験・研究や天体観測などをおこないながら、交代で生活しています。もちろん、滞在している宇宙飛行士の身体が宇宙滞在によって、どのような影響を受けるのかを調べるのも大事な活動の一環です。

　日本は、ISSに日本実験棟『きぼう』を建設し、若田光一氏・野口聡一氏・古川聡氏・星出彰彦氏が、クルー（乗組員）として長期滞在しました。

5限目　あくなき挑戦の連続！「宇宙開発」の時間

🚀 日本で観測するなら「日没後」と「日の出前」の2時間ほど

　ISSは、秒速約7.9km（東京→大阪まで約1分で到着する速さ）で飛行しており、約90分で地球を1周します。条件が良ければ、肉眼で観測することも可能です。

　日本でISSを観測するのに適している時間帯は、「日没後」と「日の出前」の2時間ほどですが、一度のタイミングで観測できるのは数分間。「何時ごろ」「どの方角に現れるのか」は、場所によって異なります。

　詳しい情報は、『宇宙航空研究開発機構（JAXA）』の予報サイトを見るとわかりますので、チェックしてください！

【国際宇宙ステーション(ISS)】：日本をはじめ、アメリカ・ロシア・カナダ・欧州11カ国が共同開発。宇宙飛行士を乗せた宇宙空間を飛ぶ巨大な研究施設　　　（出典：NASA）

★Answer

「宇宙生活」という新しい世界を実現するために、参加国がさまざまな実験・研究・観測をする巨大な宇宙研究施設！

Q.43 フワフワと浮く宇宙飛行士 その理由は……なぜ？

難易度 B

🚀 じつはISS内にはほんの少しだけ「重力」がかかっている

　地上では昆虫や鳥でもない限り、私たちの身体が浮かび上がることはありません。地球からの重力の影響を受けて、私たちは地球の中心に向かって引っぱられ続けているからです。

　一方、ISS内では重力をほとんど感じません。そのため、人やものはフワフワと浮いてしまいます。

　このような状態を私たちは「無重力」といっていますが……厳密には、ISS内は無重力ではありません。ほんの少しだけ（地上の約100万分の1）重力がかかっているので「微小重力」というのが正しいのです。

　スペースシャトルやISSで撮影された映像を見ると、人やものが絶えずフワフワと空中を浮いているので、宇宙にいけば「即、微小重力になる」と思いがちですが、そうではありません。

　ISSと同じように地上から約400kmも離れると、たしかに重力は小さくなりますが、その大きさはせいぜい地上の約90％です。少しは身体が軽く感じるでしょうが、フワフワと浮くことはありません。

🚀 原理原則は「月と地球の相対関係」と同じです

　ISS内では、なぜ重力が地上の約100万分の1にまで小さくなっているのでしょうか。その秘密は、ISSの運動にありました。

ここで、2限目のお話を思い出してください。月が地球の周りを回っているのは、「地球に向かって落ち続けているのと同じだ」というお話をしました（86ページ参照）。

　月はとても速いスピードで動いています。にもかかわらず、地球から離れずに周回し続けているのは、「地球が月を引っぱる重力」と「月が離れようとする力（遠心力）」がつり合っているからです。

　これと同じように、ISSも地球からの重力と遠心力がつり合っているために、地球の周りを回っています。ISS内には、たしかに重力もかかっていますが、同時に重力とは反対向きに遠心力もかかっているために、重力と遠心力が〝相殺〟され、微小重力になるというわけです。

微小重力状態のISS内で、フワフワと浮きながら作業にいそしむ宇宙飛行士の様子。地球とは勝手が違って、なんだかやりにくそうにも見える……　　（出典：NASA）

Answer

ISSの内部の環境は、地上と比較して、約100万分の1しかない「微小重力」状態だからです。

Q.44 人工衛星って、宇宙空間にどれくらいの数があるの?

難易度 B

🚀 世界初はロシア。日本は世界で4番目に打ち上げに成功!

1957年に、ソ連（現：ロシア）が、アメリカに先駆けて人工衛星『スプートニク1号』の打ち上げに、世界で初めて成功しました。

スプートニク1号は、直径約58cm・重さ約83.6kgととても小さなものでしたが、地球を周回しながら、上空にある電離層の観測と、電波が地上へどのように伝わっていくのかを確かめる実験が実施されました。

この打ち上げの成功により、〝宇宙開発時代〟が幕を開けたのです。

その後、1958年にはアメリカが人工衛星『エクスプローラー 1号』の打ち上げに成功しています。1965年にはフランスが成功し、1970年には日本の人工衛星『おおすみ』が打ち上げられました。

さらに、中国・インド・イスラエル・ウクライナ・イランなどが人工衛星の打ち上げに成功しています。

🚀 人工衛星の役割は社会発展のためだが……軍事目的もある

1957 〜 2013年1月までの間に、世界各国から打ち上げられた人工衛星の数は……じつに7000機以上にもおよびます!

しかし、打ち上げられた機体がすべて地球の周りを待っているわけではありません。その半分は、老朽化によって地上に回収されたり、高度を落として落下したものもあります。

現在は、約3800機の人工衛星が地球の上空を周回しています。

一概に「人工衛星」といっても、その種類や役割はさまざまです。

代表的なものをお話ししておきましょう。

たとえば、私たちが日常生活で活用しているテレビの衛星中継や国際電話、通信・放送の電波を中継する「通信・放送衛星」。毎日の天気予報や地球環境の観測などをおこなう「地球観測衛星」。宇宙空間の天体観測などをおこなう「科学衛星」。

さらには、宇宙空間で新しい技術の開発や実験・試験に欠かせない「技術試験衛星」などが挙げられます。

そのほかにも、自動車のカーナビや、携帯電話などに搭載（とうさい）されているGPS機能で知られる衛星ナビゲーションシステムで活用される「航行衛星」もあります。

ここまでに挙げた人工衛星は、私たちの生活をより良いものにするための重要なデータを発信する役割をになっているのですが、もう1種類、別の役割（目的）のために打ち上げられている人工衛星があります。

それは各国の軍事行動を監視する「軍事衛星」です！

残念なことに人工衛星は、社会や経済の発展をになう役割だけのために打ち上げられているわけではありません。各国が自分たちの国の利権を守るために、衛星技術を軍事にも役立てているのです。

なお、主に地球の周りを回っているものが人工衛星で、月やそのほかの惑星を回っているものは「探査機」と区分されています。

★Answer

これまでに7000機以上の人工衛星が打ち上げられましたが、現時点で残っているのは、約3800機しかありません。

Q.45 もしも、宇宙服を着ないで船外に出たら……??

難易度 B

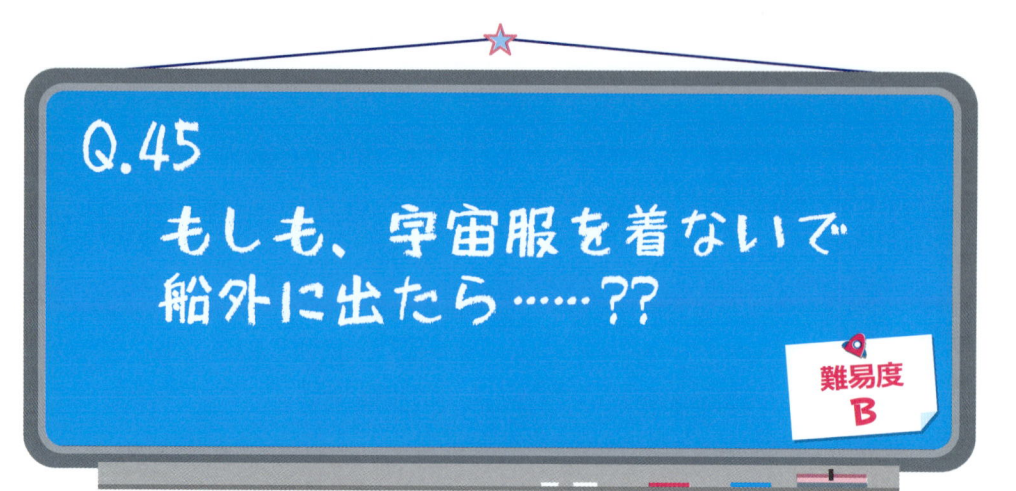

🚀 空気がない真空状態の宇宙では人間は生きられない

　人間は、宇宙服ナシでは、宇宙空間で生きてはいけません。
　もし、宇宙服を着ないで宇宙に飛び出したら……。
　宇宙飛行士の体内には、当然ですが、たくさんの水分があります。もちろん血液も、その1つ。真空状態の宇宙に出ることで、内部から身体がふくれ上がって、次の瞬間には体内の血液も含んだすべての水分がアッという間に蒸発してしまうのです。
　そして、わずか20秒程度で干からびてしまいます。即死です!!
　このような事態におちいってしまう大きな要因は、宇宙空間には空気が存在しないからです。
　地球の周りには、約100kmにもおよぶ厚い空気の層があり、私たちは一番底の部分で日々の生活をしています。
　空気は、無色透明です。しかも私たちは生まれたときから空気のなかで生きているので、「自分たちの周りに空気がある」ということをほとんど意識せずに過ごしています。空気に対して「あるのが当たり前の存在」と思っているのです。

　空気は軽いものですが、質量はあります。この空気の質量がもとになって気圧が生まれています。地表の気圧は1気圧です。
　これはいったいどのくらいの〝力〟なのか……ピンときませんよね。

私たちの身体の上には、約100kmにも連なる厚い空気の層が乗っかっていて、その質量は1cm²あたり1kgにもなります。「角砂糖の1つの面くらいの面積に1kgもの重さがかかっている」とイメージしてください。

　私たちの身体は、知らず知らずのうちに、空気の大きな圧力によって常に押さえつけられています。宇宙空間は、押さえつける役割の空気がない真空の世界——。ですので、宇宙服を着ないと、体内の気体が膨張し、すべての水分が急激に蒸発してしまいます。もちろん、空気がないので窒息もしてしまいます。

　そのほかにも、放射線や宇宙に浮かぶゴミ・チリといった問題も挙げられます。宇宙には恐ろしいほど危険な放射線や無数の宇宙ゴミ、小さなチリが飛びかっています。

　危険と隣り合わせのなかで、宇宙飛行士の身の安全を守りつつ、船外活動をサポートする役割をになっている宇宙服。それを着用しないとなれば、全身の水分が蒸発したり、窒息したりする。高速で飛びかう無数の宇宙ゴミやチリで身体中に穴が開く……。

　いずれの場合も待っているのは、死です！

🚀 宇宙飛行士の生命を守る宇宙服。その構造はどうなっている？

　ここで、宇宙服の構造に関してお話ししておきましょう。

　宇宙服は、特殊な14層の生地でできています。冷却下着を着たうえに、ヘルメットもつけて、頭からつま先まで宇宙飛行士の身体をスッポリと包みこむことで、真空・低温・宇宙放射線といった宇宙空間のさまざまな脅威から身を守ってくれます。

　その中核をになうのが、背中に背負っている〝ランドセル〟のような「生命維持装置」です。「宇宙服」というと、身体をおおう服の部分ばかりに注目が集まりますが、この生命維持装置と一体となってはじめて、過酷な宇宙空間でも人間が活動できるようになるのです。

　生命維持装置は、宇宙服の内部に酸素や熱を供給するだけでなく、内部の気体から二酸化炭素などの有害物質を取り除き、循環させています。

また、宇宙飛行士の心電図や機器の状態もチェックしており、仮に異常があれば、ISSや地上の基地に知らせるようになっています。
　なお、ISSから出ておこなう1回の船外活動は、長いときには約7〜8時間にもおよびます。その間はぶ厚い宇宙服に身を包んでいるため、「なにも食べたり、飲んだりすることができない」と思いがちですが……。
　じつはそうではありません！
　宇宙服のヘルメット内の下（首のあたり）に、飲料水の入ったバッグが備えつけられており、船外活動中でも水分を摂ることは可能です。
　ただし、トイレはできないのでおむつをはきます。

　ところで、これだけの特殊な装備が完璧にほどこされた宇宙服は、いったい1着どれくらいの金額になるのか──気になりますよね。
　なんと約12億円もします！
　とんでもない超高額です（あくまでも相場）。
　宇宙空間のあらゆる危険から宇宙飛行士の生命を守ることを大前提に、世界各国の技術が結集されてつくられています。
　その点から考えると、「服」というよりは、「とても小さな宇宙船のなかに入っている」といったほうがしっくりくるかもしれませんね。

★Answer

体内の気体が膨張し、水分が蒸発して、一瞬で干からびてしまいます。待っているのは……死です！

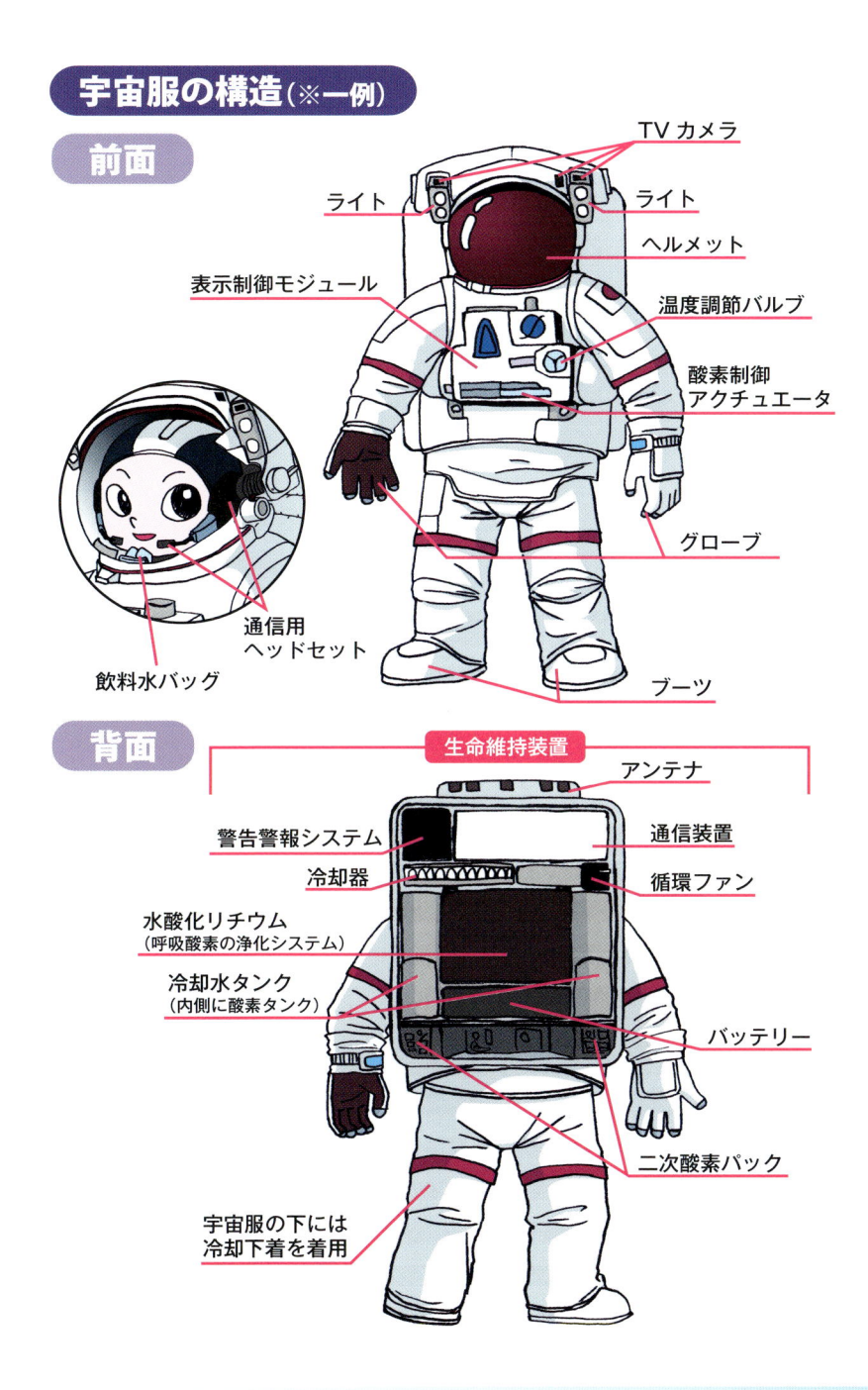

5限目　あくなき挑戦の連続！「宇宙開発」の時間

宇宙服の構造（※一例）

前面

- TVカメラ
- ライト
- ライト
- ヘルメット
- 表示制御モジュール
- 温度調節バルブ
- 酸素制御アクチュエータ
- グローブ
- 通信用ヘッドセット
- 飲料水バッグ
- ブーツ

背面

- 生命維持装置
- アンテナ
- 警告警報システム
- 通信装置
- 冷却器
- 循環ファン
- 水酸化リチウム（呼吸酸素の浄化システム）
- 冷却水タンク（内側に酸素タンク）
- バッテリー
- 二次酸素パック
- 宇宙服の下には冷却下着を着用

Q.46 人類は、宇宙のどこまでたどり着いているの?

難易度 C

🚙 最長記録は「アポロ計画」の約38万km離れた月まで――。

　観測技術の進歩によって、私たち人間は、100億光年先の天体の姿までもとらえることができるようになりました。

　人類は〝見る〟ことで、宇宙がどのような姿になっているかを〝知る〟ことができるようになったのです。

　とはいえ、「宇宙を旅する」となると、話が違ってきます。

　現在、宇宙空間にはISSが浮かんでいて、常時数名の宇宙飛行士が生活をともにしている状態になっています。ただ、ISSは地球から約400kmしか離れていません。

　これは「東京→大阪くらいまで」の距離です。もちろん、ISSまで移動するのは大変なことですが、宇宙から見れば、ほんのちょっとの距離でしかありません。

　現在、人類がたどり着いた最長記録は約38万km離れた月まで――。

　1960年代～1970年代にかけておこなわれた「アポロ計画」で、人類は月面着陸に成功し、月の表面を調査しました。

　しかし、それ以降は再び月面への着陸は実現できていません。

　そうしたなか、人類が次なるターゲットに挙げているのは、火星です。「人類はすでに火星にいくだけの技術を持ち得ている」といった意見もあるようですが、火星にたどり着くにも1年以上はかかるので、月にい

くのとは比較にならないほどの莫大な費用がかかります。

さらに、従来よりも世界的に宇宙開発の予算が縮小傾向にあるので、20年後・30年後に、本当に人類が火星にたどり着くことができるかはわかりません。夢の宇宙旅行は、まだまだ非現実的なのが実情です。

🛸 日本の技術力を世界に知らしめた無人探査機『はやぶさ』

無人探査機は、もう少し遠くまでいっています。

宇宙探査の世界をリードしているアメリカは、木星・土星・天王星・海王星など、太陽から離れた場所にある惑星に探査機を送っています。1977年に打ち上げられた『ボイジャー1号』が、その1例です。

ボイジャー1号は、2012年8月に「太陽圏を出た」と発表され、話題になりました。

他方、日本の探査機も、火星や金星の近くにまでいってはいるものの思うような成果を上げられていません。

たとえば、火星探査機『のぞみ』は、火星の周回軌道に入れずに運用を断念しましたし、金星探査機『あかつき』も、2010年12月に金星の近くにまでいったものの金星の周回軌道に入れませんでした。

なお、あかつきは、2015年以降に再び金星の周回軌道に入るために、宇宙空間で待機中です。

そうしたなか、小惑星無人探査機『はやぶさ』だけは、約3億km離れた小惑星『イトカワ』までいって、無事に帰還しています。

⭐Answer

「アポロ計画」で、月面着陸したのが最長。それ以降は……技術や開発における予算の問題から、有人宇宙飛行は停滞中！

Q.47 日本製のロケットには、なぜ人が乗れないの？

難易度 B

🚀 日本の技術でも有人ロケットの打ち上げは可能だが……

　日本は、1950年代から宇宙開発に乗り出して、世界でもトップクラスの技術を持つまでに成長してきました。

　たとえば、『H-ⅡA』『H-ⅡB』といった国産のロケット技術を持ち、ISSへ「バッテリー」や「姿勢制御装置」といった大型の荷物を届ける無人補給機『こうのとり』などの開発もおこなっています。

　2013年には、「人工知能」を搭載し、ノートパソコンによって打ち上げができる画期的な新型ロケット『イプシロン』がデビューしました。

　しかし、これらはすべて無人機です。

　じつは日本は、世界でもトップクラスの技術を持ちながらも、まだ有人のロケットや宇宙船をつくったことがありません。

　最大の理由は、安全性の問題です。これまで日本は無人のロケットの打ち上げには〝驚異的な〟成功率をたたき出しています。

　前述しましたH-ⅡAは、2014年6月までで24回打ち上げ、23回も成功しているので、その成功率は95.8％。同じエンジンを使う増強タイプのH-ⅡBでの4回の成功も含めると、成功率は96.43％になります。

　しかし、「無人機の成功率が高い」といって、「有人機でも成功する」という保証はどこにもありません。無人機ならば仮に失敗してもお金の問題だけですみますが、有人機の失敗は、乗組員の死に直結します。

🚀 世界と比べて、日本は宇宙開発に対する国民の理解度が低い

　もう1つの理由は、やはり安全面に対するお金の問題です。

　大きさや機能によってまちまちですが、人工衛星を1機開発するのにかかる費用は、数百億〜数千億円。それをH-ⅡAなどのロケットで打ち上げるための費用が、約100億円です。

　もし、有人のロケットを打ち上げるとなれば、安全対策の装置をたくさんつけたり、実際に人を乗せるまでに何度も試験をしなければなりません。そのため、費用も人工衛星や無人探査機の数倍を要します。

　有人の宇宙飛行は、ロマンがあるのは事実です。日本製のロケットで日本人の宇宙飛行士が、宇宙にいけるようになったらどんなに素敵でしょう。

　でも……「大金をかけて宇宙にいく意義があるのか」と疑問視する人が多いのも、また事実です。有人の宇宙飛行を実現するには、まず、その意義やロマンを国民全員で共有し、理解することが肝要でしょう。

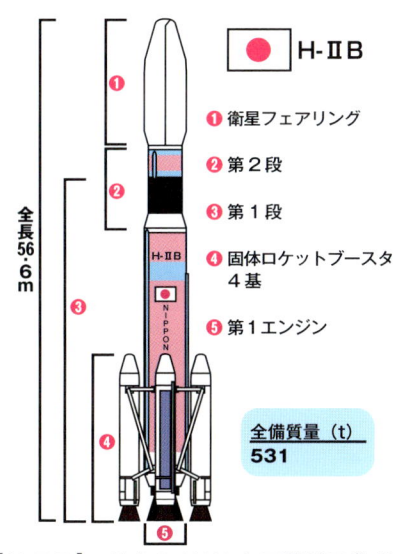

🇯🇵 **H-ⅡB**

全長56.6m

❶ 衛星フェアリング
❷ 第2段
❸ 第1段
❹ 固体ロケットブースタ 4基
❺ 第1エンジン

全備質量（t）
531

【H-ⅡB】：日本のJAXAと三菱重工業が共同開発した世界にほこる宇宙ロケット

⭐ Answer

成功させるために必要な開発費が確保できない。国民からの理解度が低い──。こういった実情があるからです。

Q.48 ロケットや無人探査機はなにで動いている！？

難易度 A

🚀 真空状態の宇宙でも活動可能な「ロケットエンジン」が考案

　自動車やバイク・飛行機は、空気中にある酸素を使って燃料を爆発させることで、動力をつくります。また、飛行機に関しては〝フラップ（両翼に備わっているパタパタと開閉する部分）〟を使って、飛行の進路変更をしたり、機体の姿勢を保ちます。

　このように、多くの乗り物では酸素で燃料を爆発させ、さらに気流を上手く利用しながら、重たい物体を動かしているのです。

　ただし、これはあくまで地球で物体を動かす場合——。

　宇宙では、この原理は通用しません。なぜなら、宇宙には燃料を爆発させる酸素もなければ、空気もない真空状態だからです。

　そこで、ロケット・人工衛星・探査機といった宇宙機を動かすために、物質を高速で噴射させた反動で推進力をつくり出す「ロケットエンジン」が考案されました。

　ロケットエンジンのなかでも一番利用されているのは、エンジン内に燃料を燃やすための酸化剤を積みこんだ「化学推進エンジン」です。エンジンのなかで燃料と酸化剤を混ぜると燃料が燃え、たくさんのガスができるので、そのガスを噴射口から噴射していきます。

　なお、化学推進エンジンは、固体の燃料と酸化剤を使う「固体エンジン」、液体のものを使う「液体エンジン」に区分されます。

それぞれの特徴をざっくりと解説しておきましょう。

まず、固体エンジンは、構造が簡単なので信頼性の高いエンジンを安くつくることが可能です。

ただし、1度点火すると「燃料と酸化剤を使い切るまでは止められない」という欠点があります。

一方、液体エンジンは、現在使用されている宇宙機に幅広く使われている方式で、燃料に液体水素、酸化剤に液体酸素などを使います。

このエンジンは、タンクのバルブの開閉で推進力を細かく調整できますし、燃焼を止めて、再び点火させることも可能です。そのため、宇宙にいく前にエンジンの燃焼テストを何度も実施することができます。

ただし、エンジンの構造が複雑なので、開発や製作などに膨大な時間と莫大なお金がかかってしまうのが難点です。

🛸「イオンエンジン」の登場は、まさに技術の進歩のたまもの！

化学推進エンジンは、大きな推進力をつくることができるので、多くの宇宙機に使用されていますが、遠くの天体にいくのにはあまり向いていません。距離が遠くなればなるほど、積みこむ燃料や酸化剤の量が増えて、機体そのものが重くなってしまうからです。

機体が重くなれば、そのぶん燃費が悪くなってしまうという悪循環におちいってしまいます。

そうしたなか、〝燃費の良いエンジン〟として考案されたのが「電気推進エンジン」です。

このエンジンは燃料を爆発させるのではなく、電気の力を使って粒子を加速させて噴射していきます。

地球と小惑星『イトカワ』の間を往復し、合計約60kmも飛行した小惑星無人探査機『はやぶさ』には、電気推進の一種である「イオンエンジン」が使われていました。

はやぶさのイオンエンジンでは、キセノンガスからプラスの電気を持った「キセノンイオン」をつくります。

そして、噴射口付近をマイナスの電気にすることで、キセノンイオンを加速して、噴出させる仕組みになっています。
　化学推進の液体エンジンは、液体酸素と液体水素を搭載(とうさい)しなくてはいけないのに対し、はやぶさのイオンエンジンは、キセノンガスだけで大丈夫です。それだけでも宇宙機の軽量化が進みます。
　現在、イオンエンジンは「静止衛星」にも使われていますが、これからの惑星探査機には欠かせない技術になっていくことでしょう。

　そのほかにも、エンジンを使わずに無人探査機を動かす実験もおこなわれています。太陽からやってくる光が表面にあたると、一定の方向に圧力が生じます。これを「光圧力」といいます。
　この光圧力を受けるための素材が開発され、それを帆(ほ)にして進む「ソーラーセイル」がつくられました。
　2010年には、ソーラーセイルとイオンエンジンを組み合わせたソーラー電気セイル技術を実証する実験機『イカロス』が打ち上げられ、見事ソーラーセイルで動くことに成功しました。
　そして、世界初の惑星間ソーラーセイル宇宙機として、『ギネスブック』に認定されたのです。

★Answer

以前は、ガスによる「ロケットエンジン」が主流でした。近年は、電気の力による「イオンエンジン」が注目されています!

3種類のエンジンの仕組み（※イメージ図）

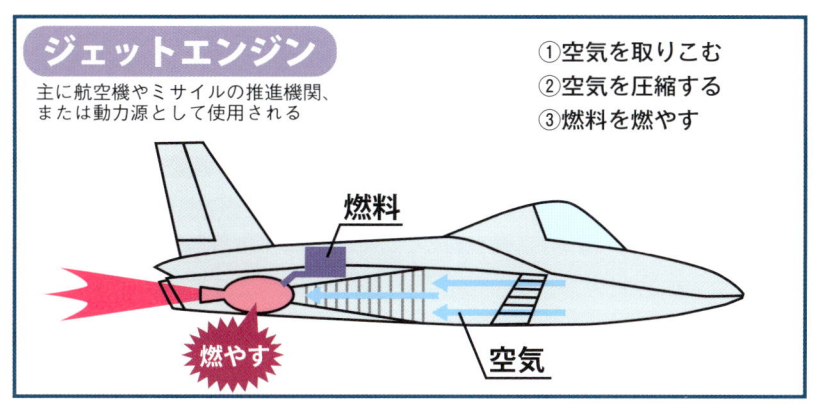

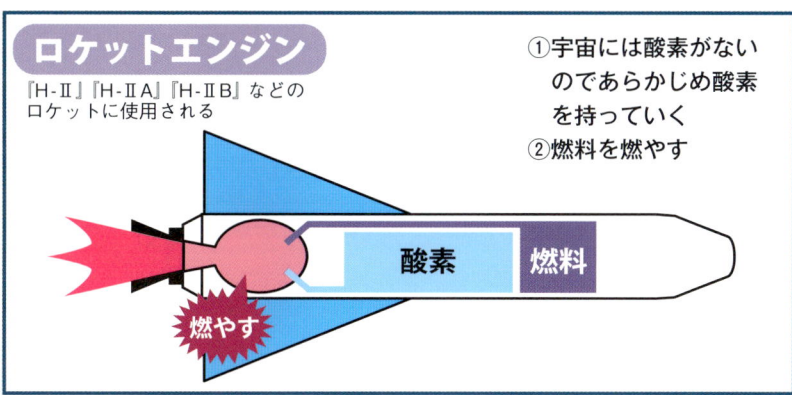

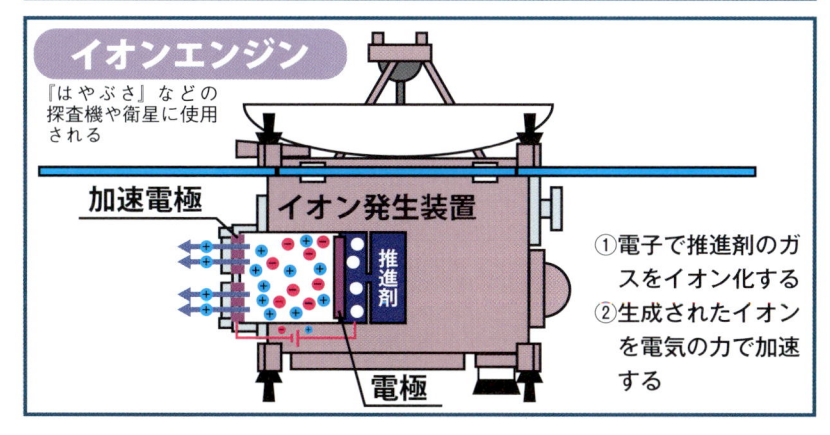

ジェットエンジン

主に航空機やミサイルの推進機関、または動力源として使用される

① 空気を取りこむ
② 空気を圧縮する
③ 燃料を燃やす

燃料／燃やす／空気

ロケットエンジン

『H-Ⅱ』『H-ⅡA』『H-ⅡB』などのロケットに使用される

① 宇宙には酸素がないのであらかじめ酸素を持っていく
② 燃料を燃やす

燃やす／酸素／燃料

イオンエンジン

『はやぶさ』などの探査機や衛星に使用される

加速電極／イオン発生装置／推進剤／電極

① 電子で推進剤のガスをイオン化する
② 生成されたイオンを電気の力で加速する

Q.49 光速を超える移動方法『ワープ』は実現可能!?

難易度 B

🚙 世界中に〝激震〟が走った2011年9月のある実験結果

　SF映画や小説などでおなじみの『ワープ』航法——。

　簡潔にいえば、ワープとは、光の速度よりも速く移動してしまう方法のことです。宇宙はとても広いので、太陽の隣りにある天体までいくにしても、宇宙で一番速い光でさえ、4年以上はかかります。

　もし、光の速さよりも速く移動できる方法があれば、宇宙探査や宇宙旅行ができる範囲も大いに広がるはずです。

　でも……光の速さを超えることは、果たして可能なのでしょうか？

　2011年9月に素粒子の『ニュートリノ』(74ページ参照)を使って実験していたら、「ニュートリノの速度が光の速度を超えた」という発表があり、「相対性理論がくつがえされるかもしれない」と世界中に〝激震〟が走りました。光の速さを超える物質が本当に存在すれば、ワープやタイムトラベルが現実のものとなる可能性が出てくるからです。

　しかし、その後の検証によって、ケーブルの取りつけミスによって引き起こされたものであることが判明し、再び夢へと逆戻りしました。

🚙 以前よりは実現の領域に近づいてはいるが……果たして？

　ワープは、やはり空想上の話なのでしょうか。

　じつは物理学者たちのなかには、「ワープを実現するにはどうしたら

5限目　あくなき挑戦の連続！「宇宙開発」の時間

良いか」を真剣に考えている人たちがいます。

　そして、理論的にワープを実現する手順も導き出されているのです。

　とはいえ、その手順を実行するには、負のエネルギーを持った「エキゾチック物質」が大量に必要となります。この物質は、現在の物理学の理論にはあてはまらない〝仮説上の粒子〟で、まだ存在が確認されていないものです。そのため、理論上では可能でも、実際に実現するにはいくつものハードルを乗り越える必要があります。

【ワープのイメージ図①（左）】
　まるでSFの世界をほうふつさせるワープ航法のイメージ。本当にワープが実現できたら、いったいどんな世界が私たちを待っているのだろうか……
（出典：NASA）

【ワープのイメージ図②（右）】
　ワープの実現によって、より地球から遠い場所への宇宙探査はもちろん、夢の宇宙旅行も可能に！
（出典：NASA）

Answer

理論上では……可能ですが、実際には、まだまだたくさんのハードルを乗り越えなくてはなりません。

Q.50 宇宙にも望遠鏡が！どんなものがあるのだろう

難易度 C

🚗 地上では空気が観測のジャマ。だから宇宙に設置した

現在のように宇宙の様子を詳しく知るきっかけをつくったのは、「望遠鏡の存在だ」といっても過言ではありません。

ガリレオ・ガリレイ（23ページ参照）が、自作の望遠鏡を天空に向けて、月や木星などを詳しく観測して以来、より遠くの天体を見ようと、次々に優れた性能のものが開発されるようになりました。

可視光領域の場合、望遠鏡の性能を決めるのは、「主鏡」の大きさです。大きな鏡を使って光を集めれば、それだけ遠くまで観測できます。そのため、時代を経るごとに巨大な望遠鏡が次から次へとつくられていったのです。

しかし、地球には宇宙を観測するうえで、〝悩みの種〟がありました。それは空気の存在です！

空気は、私たちが生活するうえで、なくてはならないものですが、こと観測においては、ゆらぎや天候の変化を生んでしまうため、ジャマな存在になってしまいます。

この問題を解決するために、あまり空気の影響を受けない高い山の山頂に天文台が建設されてきました。

とはいえ、地球にいる以上は、空気の影響を受けないことは、ほぼ不可能なので宇宙に望遠鏡を打ち上げることを思いついたわけです。

5限目 あくなき挑戦の連続！「宇宙開発」の時間

🚀 日本の『すざく』『あかり』『ひので』も宇宙で大活躍！

　もっとも有名な宇宙望遠鏡は、『NASA』の『ハッブル宇宙望遠鏡』です。

　この望遠鏡は、1990年に打ち上げられ、地球から約596km離れた地点で周回しています。はるか彼方にある「銀河」や珍しい天文現象などをとらえて、私たちに知られざる宇宙の姿を見せてくれました。

　宇宙望遠鏡には、ハッブル以外にも、赤外線で観測する『スピッツァー宇宙望遠鏡』『ハーシェル宇宙望遠鏡』や、「系外惑星」を探し出す『ケプラー宇宙望遠鏡』などがあります。また、Ｘ線観測衛星『チャンドラー』や、日本の『すざく』、赤外線天文衛星『あかり』、太陽観測衛星『ひので』なども〝望遠鏡〟とは名乗っていませんが、宇宙望遠鏡と同じ働きをして、成果を上げています。

　このように、たくさんの望遠鏡が宇宙に存在しますが、地上に設置された望遠鏡と比べて莫大な費用がかかること、打ち上げに困難を要することなど、新たな悩みの種も生んでいます。

【ハッブル宇宙望遠鏡】：130億年前の宇宙の姿さえも鮮明に映し出す　　（出典：NASA）

⭐Answer

『ハッブル宇宙望遠鏡』が、一番有名です。
日本の『すざく』『ひので』も世界に負けず
活躍しています！

> Q.51
> ガガーリンよりも先に
> 宇宙に旅立った動物がいた？
>
> 難易度 C

🚀 栄光なき伝説のスペース・ドッグ『クドリャフカ』

　1961年にソ連（現：ロシア）のユーリイ・ガガーリン（1934〜1968）が、世界初の有人宇宙飛行を成功させてから、これまでじつに500名以上の人たちが宇宙へと旅立っています。

　この数字からも、私たち人類にとって宇宙はとても身近な存在になっていることがわかるはずです。

　しかし、ここまでの道のりは決して平坦なものではありません。宇宙開発は、むしろ多くの苦労と尊い犠牲のうえに成り立っているのです。

　現在でも、宇宙飛行は常に大きな危険と隣り合わせで、打ち上げから帰還まで、1つ間違えれば〝死〟につながることもあります。

　なお、ガガーリンは「地球は青かった」という名言で有名なあの人のことです（※最近の研究では「疑わしい」といわれている）。

　ガガーリンが宇宙に旅立つ以前に、人類はさまざまな試験を何度も何度も繰り返してきました。その試験のなかには、生きた動物を乗せて安全性を確かめるものもありました。

　たとえば、ソ連は人間を乗せる前に『クドリャフカ』と呼ばれていた1匹の野良犬を宇宙に送っています。1957年11月に打ち上げられた『スプートニク2号』に乗せられたシベリアンハスキーの雑種とされるメスのライカ犬です。

打ち上げは無事に成功し、スプートニク2号は順調に地球を周回し続けましたが……ライカ犬が再び地球に戻ることはありませんでした。

スプートニク2号は、最初から地球に戻るようには設計されておらず、翌年4月には大気圏に突入して燃え尽きてしまいます。

ライカ犬は「船内の酸素がなくなる前に毒物によって〝安楽死〟させられた」と伝わっていますが、真相はわかりません。

なお、ソ連はこのときのデータをもとに、3年後にはガガーリンによる世界初の有人宇宙飛行を成功させています。

宇宙開発の発展の裏にはたくさんの悲しい犠牲がある

ソ連に遅れること約4年。1961年1月にアメリカが『マーキュリー・レッドストーン号』で、チンパンジーの『ハム』を宇宙に送り出しています。

ハムの場合は、16分後に地球へ帰還し、1998年まで生きました。

さまざまな動物実験によって、宇宙船や宇宙開発に伴う安全性は、ある程度は確認されましたが、それでも事故は起こり得ます。

事実、スペースシャトルなどで事故が起きて何名もの優秀な宇宙飛行士が亡くなっていますし、訓練中や発射台の事故で将来を期待された訓練生や整備員も命を落としています。

事故が起こるのは本当に痛ましいことですが、こうした出来事を教訓に安全性がより強化されてきました。宇宙開発の発展の裏で、多くの犠牲が伴っていることを絶対に忘れてはいけません。

Answer

**人類よりも先に宇宙に旅立った動物は、1匹のライカ犬です！
宇宙開発に貢献したのは、人間だけではないことを忘れないでください。**

Q.52 宇宙空間に深刻な問題発生！『スペースデブリ』って？

難易度 A

🚗 **人類がつくり出した宇宙空間をさまよい続ける〝不要物〟**

2013年6月26日に「世界文化遺産」に登録された霊峰・富士山——。

当初の登録申請は「世界文化遺産」ではなく、「世界自然遺産」であったのですが、ある理由であきらめざるを得なかったことは、多くの人がニュースや新聞等のメディアを通じてご存じのはずです。

さらに、その理由が「ゴミ問題」であったことも……。

人がいる場所には、必ずゴミが出ます。仕方がないことかもしれませんが、こと富士山の場合は〝不法投棄〟による環境問題が原因でした。

じつはゴミ問題は、富士山だけに限らず、宇宙にまでおよんでいるのです。最近は、映画やマンガでもこの問題が取り上げられることが多いので、詳しくは知らなくとも、なんとなく知っている人も多いでしょう。

なお、宇宙に浮かぶゴミのことを『スペースデブリ』と呼びます。

「えッ!? 宇宙にゴミがあるの？」
「ハイ、あります！ それも大量に!!」

宇宙には、これまで7000機以上もの人工衛星や探査機が、次から次へと打ち上げられてきました。

このときに使用されたロケットの一部や、故障等によって発生した破

砕破片、寿命で運用が終わった人工衛星などが、今、この瞬間も宇宙空間にそのまま残されています。

　スペースデブリの大きさは、数m～数mmとさまざまです。
　人工衛星やロケット・探査機の残がいがそのまま残っていれば、小さなゴミは出ないはずなのですが、なにかの拍子に衝突したり、バラバラになったりするので、細かい破片などもたくさん生まれています。
　大きさ10cm以上のものは、地上から監視して、その軌道を正確に把握しています。スペースデブリは、現在、監視されているものだけでも約2万2000個もあるようです。
　さらに、監視できない数cmのものから1mm程度のものまでを含めると、その数は「1億個にもおよぶ」といわれています。地球の周りは、宇宙開発で発生したゴミが大量に浮遊する〝デブリ危険地帯〟となっているのです。

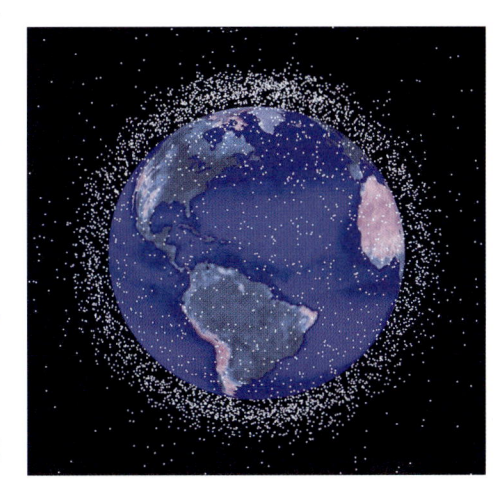

【スペースデブリ】：まるで無数の星が地球全体を囲んでいるようにも見える　　　（出典：NASA）

🚀 国際的な問題として「デブリ除去衛星」の開発が進行中！

　以前は、スペースデブリを問題視するのは、一部の専門家くらいで、世界的にはほとんど無関心に近い状況でした。

　ところが、2007年に中国が衛星破壊実験を実施してデブリを一気に2500個以上も増やしたこと、2009年にアメリカの衛星『インジウム』と、ロシアの衛星『コスモス』が衝突して数千個にもおよぶデブリが発生し

たといった出来事が相次いだために、世界中がスペースデブリの問題に関心をよせるようになりました。

「宇宙空間にたくさんのゴミが、フワリフワリと浮かんでいる」——。

多くの人は、スペースデブリをこのようなイメージでとらえているようですが……。実際は、そんなにのどかな感じではありません!!

小さくとも地球の重力に負けずに、地球の周りを回っているということは、秒速約7〜8km（時速約300kmの新幹線の約100倍。拳銃から発射された弾丸よりも速い）の猛スピードで動いていることになります。

もし、ISSや運用中の人工衛星・探査機に衝突したら、どうなるのでしょうか。機体はこっぱみじんに大破！ 運が良くとも大きな穴が開いたり、キズがついたりするでしょう。ISSの場合は、宇宙飛行士の生命にもかかわってきます。

現在、デブリ同士が衝突して、新たなデブリの数が増えていることもわかってきました。つまり、人工衛星や探査機をまったく打ち上げなくともデブリは増え続けているのです。

こうした事態を重く見て、国際的にデブリを除去する衛星の開発が進行しています。『宇宙航空研究開発機構（JAXA）』は、2020年までに「デブリ除去衛星」の実証実験をおこなう計画を立てているそうです。

★Answer

人類が宇宙開発のために出してしまった約1億個にもおよぶ〝宇宙のゴミ〟——。現在も増殖中です！

6限目
知れば知るほど胸がおどる！
「宇宙飛行士」と「宇宙生活」の時間

Q.53 宇宙飛行士になりたい！どうすればいい？

難易度 A

🚀 JAXAが実施する選抜試験に合格＆採用されるのが第1歩

　たくさんの人があこがれる宇宙飛行士。誰もが夢見る宇宙にいって、仕事をしている姿は、じつにカッコイイものです。
　でも……どうすれば宇宙飛行士になれるのでしょうか。

　日本人が宇宙飛行士になるには、日本の宇宙開発をになっている『宇宙航空研究開発機構（以降：JAXA）』が不定期に実施する「宇宙飛行士選抜試験」に合格して、採用されなければいけません。
　日本が宇宙飛行士の養成に乗り出したのは、1985年のこと。アメリカが進める宇宙ステーション計画への参加をきっかけにして、JAXAの前身である『宇宙開発事業団（NASDA）』が募集をかけたのが始まりです。
　日本人宇宙飛行士の1期生は、毛利衛氏・向井千秋氏・土井隆雄氏の3名です。3名とも『NASA』で訓練を受けて、スペースシャトルの搭乗員の資格を取得し、宇宙飛行士として大活躍しました。
　その後、若田光一氏・野口聡一氏・古川聡氏・星出彰彦氏・山崎直子氏の5名が同じルートで宇宙飛行士になっています。

　宇宙飛行士に求められる資質は、そのときどきで異なります。
　たとえば、毛利氏の時代にはスペースシャトルで宇宙にいき、2週間程度活動することが前提となっていました。

しかし、現在は、『国際宇宙ステーション（以降：ISS）』で長期滞在する任務に就くことになります。宇宙で仕事をすることに変わりはありませんが、与えられる任務も違えば、求められる資質や能力も変わってくるので募集要項も異なってきます。

なお、宇宙飛行士の募集は、毎年定期的におこなわれるわけではなく、JAXAが「必要」と思ったときに募集して、選抜していきます。

🚀 およそ半年にわたる戦いの末……わずか数名が候補生に

JAXAが、最後に宇宙飛行士の募集をしたのは、2008年です。

このときの募集要項を見ると、【日本国籍を有し、自然科学系の大学卒以上で、研究・設計・開発・製造・運用などに3年以上の実務経験があること】などといった条件が並べられています（195ページ参照）。

そのほかにも、国際的な宇宙飛行士チームの一員として訓練をおこなうため、英語能力は必須です。この能力がないと、円滑な意思疎通がはかれません。水中での訓練もあるので、泳力も求められます。

この募集要項を見て、応募があったのは963名──。

「志願書」「経歴書」「健康診断書」などの書類審査と英語の筆記・ヒアリング試験で、230名にまで絞られました。1次・2次の選抜試験でさらに10名まで絞りこまれ、この10名で最終試験が実施されました。

最終試験は、10名全員がJAXA筑波宇宙センターの「宇宙飛行士養成棟」内にある閉鎖環境適応訓練設備のなかで、「1週間の共同生活を送る」というものでした。このなかで宇宙にいったときと同じように、分刻みの過密スケジュールでいくつもの課題をこなしていきます。

宇宙飛行士にとって、宇宙にいくことは、2つの点で過酷な状況下に置かれることを意味します。

1つ目は、宇宙環境そのものに対する〝身体的な〟過酷さ。

もう1つは、日本を代表して宇宙にいくことの〝精神的な〟過酷さ。

宇宙飛行士が宇宙にいく費用は、私たちの税金から出されています。多額の税金をつぎこんで宇宙にいく以上、失敗は許されません。

とはいえ、失敗しないように無難に過ごそうとすれば、今度は自分の存在感がうすれてしまいます。世界15カ国が参加するISSでは、日本代表としての〝誇り〟と自身の能力を最大限に発揮して、他国の人たちに日本人の存在感を示す必要があるのです。
　こうした目に見えない大きなストレスが課される環境にも耐え得るために、ISSでの生活を再現したのが、閉鎖環境適応訓練設備です。
　なお、閉鎖環境適応訓練設備における試験で試されるのは、宇宙生活でのストレスに耐えられるかどうかだけではありません。
　「ストレスにさらされてもチームワークを発揮できるか」という点も、審査の重要な項目でした。施設での生活のなかで課される課題は、仲間と協力しなければ解決できないものばかりです。ストレスの大きな極限状態でも、チームで困難を乗り切れるかどうかが試されます。

　1週間の試験が終了しても、すべての試験が終わったわけではありません。渡米して、NASAでロボットアームや宇宙遊泳の技量をはかる試験、ベテラン宇宙飛行士との面接などが待っています。
　NASAでの試験では、候補者に宇宙飛行士として生きることを具体的に示し、「今後の人生を宇宙飛行士として生きることに賭けるかどうかという覚悟が試される」と聞きます。
　このように、いくつもの試験や審査を経て、最終的に1〜3名の宇宙飛行士候補生が選ばれるわけです。

★Answer

宇宙は人間にとって、とても過酷な環境です。その環境に耐え、能力を発揮できるかを見極めるためにいくつもの試験が課されています。

宇宙飛行士選抜

【宇宙飛行士選抜試験　応募要項（※一例）】

① 日本国籍を有すること
② 大学（自然科学系※）卒業以上であること
　※理学部／工学部／医学部／歯学部／薬学部／農学部等
③ 自然科学系分野における研究・開発・製造・運用等に3年以上の実務経験を有すること
④ 宇宙飛行士としての訓練活動、幅広い分野の宇宙飛行活動等に円滑、かつ柔軟に対応できる能力（科学知識、技術等）を有すること
⑤ 訓練時に必要な泳力を有すること
⑥ 国際的な宇宙飛行士チームの一員として訓練を行い、円滑な意思の疎通が図れる英語能力を有すること
⑦ 宇宙飛行士としての訓練活動、長期宇宙滞在等に適応することのできる以下の項目を含む医学的、心理学的特性を有すること
　・身長158～190cm以下／体重50～95kg／矯正視力1.0以上などの医学的、心理学的特性などを含め細かい規定がある
⑧ 日本人の宇宙飛行士としてふさわしい教養等を有すること
⑨ 10年以上宇宙航空研究開発機構に勤務が可能であり、かつ長期間にわたり海外での勤務が可能であること

……など

① 書類選抜
応募書類による審査／英語試験（筆記試験・ヒアリング試験）

② 第1次選抜
1次医学検査／心理適性検査／一般教養試験／基礎的専門試験

③ 第2次選抜
2次医学検査／面接試験（心理・英語・専門・一般）

④ 第3次選抜
長期滞在適性検査／泳力の試験／面接試験（総合）

⑤ 宇宙飛行士候補生の決定!!

Q.54 あこがれの宇宙飛行士。どんな仕事をするの?

難易度 C

🚨 毎日が激務！ たった6名で課された任務をすべておこなう

ISS内には、常時6名の宇宙飛行士が滞在していますが……これは別の見方をすると「ISSで必要なすべてのことを、この6名だけでこなさなければいけない」ともいえます。非常に過酷ですよね。

ここで、どんな仕事をおこなっているのかを具体的に見てみましょう。

まず、宇宙船の操縦があります。ISSを往来するためには、ロシアの宇宙船『ソユーズ』に乗らなくてはいけません。

その運転をするのも、宇宙飛行士の役割なのです。また、ソユーズや輸送船の『プログレス』『コウノトリ』が〝ドッキング〟する際の操作などもおこないます。

次に、宇宙実験の運用です。ISSで実施する実験は、提案が採用されてから実際におこなうまで長い年月をかけて準備されます。当然、1つの実験にはたくさんの人がかかわっています。その人たちの手足の代わりとして、ISS内で実験の操作をしていきます。

🚨 危険と隣り合わせの船外活動やメディア対応も任務です！

そのほかにも、ISSの各装置の手入れや修理・掃除、ロボットアームの操作、必要に応じて船外活動もにないます。

さらに、写真・ビデオの撮影、地上とテレビ回線や音声回線を結んで

6限目　知れば知るほど胸がおどる！　「宇宙飛行士」と「宇宙生活」の時間

インタビュー・記者会見をおこなうといった任務も……。

トイレ掃除やゴミの処理など、生活の場としての船内を快適に保つメンテナンスも、大事な仕事の1つです。

なお、実働は1日約8時間で、基本的に土日はお休みになっています。

船外活動をおこなう宇宙飛行士の様子。宇宙から見る地球や月などの風景は、数多くの先駆者が残した名言でもわかるように、「素晴らしい！」のひと言に尽きるだろう。
一方で、宇宙飛行士がになう仕事は、私たちが想像する以上に多く、さらには過密なスケジュールだ。選ばれし各国の宇宙飛行士たちの努力が「宇宙の謎を少しずつ解き明かしてくれている」といっても過言ではない
(出典：NASA)

★Answer

6名の宇宙飛行士だけで、実験・観測、さらにはトイレ掃除やゴミ処理までおこないます。過密スケジュールですね！

Q.55 いきたい！住みたい！どんな暮らしが待っている？

難易度 B

🚀 宇宙飛行士の約7割が最初に悩まされる「宇宙酔い」

　たくさんの宇宙飛行士たちの涙ぐましい努力と活躍のおかげで、宇宙の謎が少しずつ明らかになってきました。

　そうした実情を目のあたりにして、「一生に一度でいいから、宇宙にいってみたい！」と切なる願いを抱く人も多いことでしょう。「将来的には、民間会社による宇宙船も開発され、宇宙観光旅行の時代が訪れる」といった話を聞いたこともあるのでは？

　しかし、現実的なことをいえば、宇宙は私たちが想像している以上に、過酷で厳しい環境で成り立っています。

　ここからは、宇宙にいった場合に起こり得る身体の〝異変〟に関してお話ししていきましょう。

　宇宙にいって、最初に感じる異変は「宇宙酔い」です。

　初めて宇宙に出た宇宙飛行士の約60〜70％が、この宇宙酔いを経験し、「頭痛・吐き気・嘔吐などの症状を訴える」と聞きます。

　なぜ宇宙酔いになるのでしょうか？

　じつはまだ原因は明らかにはなっていませんが、「微小重力」の環境が大きく関与しているのではないかと考えられています。

　私たち人間は、この世に生まれてからずっと重力がある環境で生活をしてきました。それが突然、ほとんど重力のない環境のなかに入りこむ

ために、その変化に身体がついていかないのでしょう。

　人間は目から入ってくる情報だけでなく、耳の奥にある「耳石器」が感じる重力の情報や、筋肉の張り具合などの情報も利用して、自分の姿勢や動きを確認しています。

　耳石器や筋肉などから得られる情報は、重力と密接にかかわっているため、重力がほとんどない宇宙では、情報が上手くコントロールできず、脳が混乱して宇宙酔いになるというのです。

　ただし、宇宙酔いはずっと続くわけではありません。ISSに滞在し、宇宙の環境に慣れてくると、だんだんと治まってくるそうです。

　そのほかにも、身体の血液などの体液が地球とは逆の方向に移動することで、顔がむくんだり、両足が細くなる症状におちいります。

　これも重力の有無によるものです。

　たとえば、地球にいる場合、人間は重力によって地球側に引っぱられます。そのため、体液も上半身よりも下半身にたまりやすい傾向が見られます。「足がむくんで困る」と悩むのは、体液が下半身に下がってくることが原因です。

　一方、宇宙の場合はどうでしょうか。宇宙にはほとんど重力がありませんので、地球上では下半身にたまりやすかった体液も、上半身のほうに移動します。そのため、顔がむくんだり、鼻づまりなどの症状におちいってしまうのです。もともと下半身にあった体液が上半身に移動したことで、両足は異様に細くなります。

🛸 船内移動はスイスイ快適！ でも……その代償は大きい

　私たち人間の身体とは不思議なもので、長期間、同じ環境で暮らしていると、それに慣れることで身体的な症状も自然と抑制されます。

　宇宙での生活も同様です。最初は宇宙独特のさまざまな症状に悩まされていたのが、環境に慣れることで治まります。

　ただし、新たな問題が生じてくるから困りものです。

　それは足腰の筋肉がおとろえ、〝骨量〟が減ってしまうことです！

ISS内は重力がほとんどないため、身体は常に浮いた状態です。地上では重力に引っぱられて身体が重く感じるときもありますが、宇宙ではそんなことを感じずに〝空中を泳ぐか〟のように移動できます。

　このように、地上にいるときと比べて、立ったり、歩いたりする必要がないので、筋肉や骨がおとろえてしまうのです。

　地上でも年齢を重ねていくと、1年に約1〜1.5％の割合で骨量が減っていきます。

　しかし、宇宙ではわずか1カ月ほどで同じ程度の骨量が減ってしまうのです。これは地上での減少量の約10倍ものスピードになります。

　宇宙にいくと、なぜ足腰の骨量が減ってしまうのでしょうか。

　この理由も重力が関係しています。骨は、一度つくられたものがずっと存在するのではなく、つくっては壊し、またつくるというサイクルを繰り返します。このサイクルのなかで骨を形成するには、重力などの刺激が必要なのです。

　さらに、骨は血液のなかに溶けているカルシウムを吸収してつくられますが、重力を受けて「立つ」「歩く」「ものを持ち上げる」といった行為をしないと、カルシウムが上手く吸収されません。そのため、骨がつくられなくなり、骨量が減ってしまうのです。

　「筋肉や骨量が減る」という現象は、ある意味で「人間が宇宙環境に適応した結果として起こり得ること」ともいえるでしょう。

　このまま宇宙に住み続けるのであれば、特段問題視する必要もないでしょうが、今はどんなに長くとも6カ月で地上に戻ります。そのときに足腰がおとろえていると、地上での生活に支障をきたします。

　こうした状況を回避するうえで、宇宙飛行士には足腰を鍛えるトレーニングを毎日2時間程度おこなうことが義務づけられているのです。

🚀 閉鎖環境によって生じるストレスは尋常ではありません！

　宇宙は地球とは大きく環境が異なるので、身体的なタフさが求められますが、精神的にも強くないと暮らすことはできません。

ISSで長期滞在するときの一番の問題は、限られた場所に閉じこめられた閉鎖環境で生活しなければならないことです。

　ISS内部で宇宙飛行士が活動できるスペースは、ジャンボジェット機の約1.5倍の広さです。「もっと狭い部屋に暮らしているから問題ない」と考える人もいるでしょうね。

　でも……もう一度、よく考えてみてください。

「今いる部屋から6カ月間、1歩も外に出てはいけない！」といわれたら、どうですか？　これでも本当に「大丈夫」といえますか？

　地上では屋外の出入りは自由ですので、スポーツや買い物などもできますが、宇宙ではいっさいできません！！

　しかも24時間同じメンバーと顔をつき合わせながらの生活です。どんなに親しい間柄でも、さすがに四六時中一緒だと息がつまるでしょう。まったく屋外に出られないとなれば、リフレッシュもできずに、ストレスだけがたまる一方です。

　宇宙飛行士たちは、このような〝縛り〟のある環境下でも、ストレス解消法を見つけ出し、上手につき合うことを学んでいきます。

　たとえば、ある人は窓から星や地球をながめることだったり、別の人は運動だったり……ストレスの解消法は人それぞれ。ですが、上手くコントロールする能力をきちんと身につけておくことも、「宇宙で生活するうえでは重要だ」といえるでしょうね。

★Answer

**「快適な暮らし」とはいえませんね。
地球では起きなかった症状やストレスに
悩まされる過酷な環境が待っています。**

Q.56 宇宙食にも「日本食がある」って、ホント？

難易度 C

🚀 昔は本当にマズいものでした……今の宇宙食はオイシイ！

　人類初の宇宙飛行を経験したソ連（現・ロシア）のユーリイ・ガガーリン（1934〜1968）は、わずか1時間50分程度しか宇宙に滞在しなかったために宇宙食は不要でした。

　現在は、滞在時間も数週間・数カ月・数年と延びているため、宇宙食は絶対に欠かせないものになりました。

　アメリカでは、1962〜1963年に実施された「マーキュリー計画」から、宇宙食が持ちこまれ始めています。

　このころの宇宙食は、一口サイズの固形食やチューブに入った離乳食のようなもので、ハッキリいえば、マズいものでした。技術があまり進んでおらず、味よりも、まず宇宙に食べ物を持っていくことが最優先事項だったので仕方がなかったのでしょう。

　「最近は？」……ずいぶんと様変わりしました。フリーズドライや缶詰・カレーなどのレトルト食品はもちろん、果物・野菜・パンなどの新鮮な食品も持ちこめるようになっています。

　特筆すべきは、電気オーブンがあの限られた空間内で使用可能となったことです。こうした生活環境の改善により、現在、ISS内で食べることのできる宇宙食のメニューは、じつに300種類以上になりました！

　なお、冷蔵庫はないので、鮮度が命の食品は数日で処分されます。

6限目 知れば知るほど胸がおどる！ 「宇宙飛行士」と「宇宙生活」の時間

🛸 メニュー登録外でも条件クリアで持ちこみ＆食事が可能

ところで、宇宙食のメニューはどういった基準で決まっているのでしょうか。このあたりをちょっとお話ししておきます。

ISS内で食べられる宇宙食のメニューは、『ISS FOOD PLAN』で定められた基準に則って決められています。この基準が整備されたことで日本も宇宙食をつくることができるようになりました。

日本が開発した宇宙食は『宇宙日本食』と名づけられ、2013年4月時点で、白飯・おかゆ・サンマの蒲焼きなどの28品目が登録されています。

宇宙日本食は、外国人の宇宙飛行士にも評判が良く、サバの味噌煮・ラーメン・カレーライスは、大人気とのことです。

現在、ISSでは16日間が1つのサイクルでメニューが組まれています。また、ISSのメニュー登録外でも、常温で長期保存ができ、微生物検査をクリアした食品であれば、〝ボーナス食〟として持ちこんで食べることが可能です。

ISS内での食事の様子。限られた空間のなかで、宇宙飛行士全員が一緒に仲良く楽しめる至福のひととき　　（出典：NASA）

⭐ Answer

宇宙食のメニューは、300種類以上。「日本食」も含まれていて、サバの味噌煮やカレーライスが、外国人に大好評！

Q.57 宇宙では火が使えない!? ねぇ〜困らないの?

難易度 C

🚀「電子レンジでチ〜ン」の日常が通用しない不自由な環境

　ISSの内部は、窒素約79％・酸素約21％と地球とほぼ同じ成分の空気があり、1気圧が保たれています。室温は約21〜25℃、湿度は約40〜60％に調節されているので、宇宙服を着る必要もありません。地球と同じような服装で、比較的快適に過ごすことができます。

　でも……地球とまったく同じ環境ではないので、普段当たり前のように使っているものが使えないために、イライラがつのることもしばしば。

　どんなものが使えないのかをさぐってみましょう。

　まず、私たちが毎日のように使っている電子レンジです！

　残念ながらISSにはありません。電子レンジは、宇宙でも効率良くものを温めることができるので、あると便利なのは事実。

　しかし、現在、宇宙に持ちこんでいる食品の多くは、缶詰やアルミ包装のレトルト食品なので、電子レンジは不要です。

　そもそも電子レンジは電波を使って食品を温めるため、ISS内部にあるさまざまな電子機器になにかしらの影響を与えることが懸念されています。そのため、使うことはできませんが、電磁波の少ない電気オーブンは使用可能です。

　さらに、ISS内では、火も使うことができません。

　ISSは、いい換えれば〝精密機器の塊でできた宇宙基地〟──。

そのような状況下で、火を使うことはとても危険な行為です。それに加えて、火は酸素をたくさん使ってしまいます。酸素がとても貴重な宇宙空間で、むやみに酸素を消費することは自殺行為に等しいでしょう。

実験など必要に応じて使うことはあっても、通常は使用しません。

🚙 普段当たり前のように使っているものが思わぬ危険を招く

じつはもう1つ。私たち人間にとって〝死活問題〟になりかねないとても重要なあるものが思うようには使えません。

それは……水です！　地球では、蛇口をひねれば、水は下に落ちますが、これは重力がある地球でのお話です。「微小重力（びしょう）」状態のISS内では、水はまるで生き物のように四方八方に飛び散ってしまい、収拾がつかなくなります。仮に飛び散った水滴がISS内の大切な電子機器に付着すると故障の原因にも……。

厄介なのは、人間の身体につくとそのまま離れないことです。

万が一にも顔にかかると宇宙飛行士が窒息する危険もあるので、地上のように水をふんだんに使えない実情があります。そのため、ISSには、お風呂やシャワーはありません。

宇宙飛行士たちが身体や髪をキレイにする際は、スポンジタオルにほんの少しの水と、ボディシャンプーやドライシャンプーを含ませて汚れを取り、乾いたタオルできちんと拭いて終了します。

⭐ Answer

**危険な事故の発生、機器が故障する要因になりかねないので使えません。
使用しなくとも、充分に生活できます。**

Q.58 ところで……トイレは？すごく気になります！

難易度 C

🚽 排泄物は宇宙がつくり出した自然の〝焼却炉〟で処分

　食べたり、飲んだりすれば、トイレにいきたくなるのは生理現象ですよね。宇宙にいったからといって、その現象が都合良くストップするわけではありません。

　でも……ISS内ではどうするのでしょうか。

　ISS内は「微小重力」状態ですので、人もものもフワリフワリと浮いてしまいます。うんこもおしっこも同様です。そのため、水洗トイレは使えません。宇宙ならではの特殊な装備がほどこされているトイレを使います。

　基本的に、便座に腰掛けてトイレをするスタンスに変わりはありませんが、身体が浮き上がってしまうため、ベルトで足を固定します。

　トイレは男女共同なのですが、ドアはありません。カーテンだけで仕切られている状態です。また、水が使えないので、排泄物は〝掃除機〟のような機械で、空気と一緒に吸い取る方式が取られています。

　吸い取られた排泄物の行方は、宇宙空間にむき出しにされたタンクに送りこまれ、きちんと粉砕されたのち、真空乾燥されます。

　タンクがいっぱいになると、約3〜4カ月に1回、ISSに食料等を運んでくれる無人の「プログレス補給船」に積んで、補給船ごと大気圏への突入時に熱を利用して焼却処分します。

🚽 高性能の浄化装置で「おしっこ → 飲料水」にリサイクル

ところで、おしっこはどのように処分されるのでしょうか。まさか宇宙空間にたれ流し……なんてことは、あり得ません！

地上では「水がある」のは当たり前でも、宇宙では違います。いかなる排水も非常に貴重な〝資源〟となります。宇宙飛行士が出すおしっこさえも立派な資源なのです。

現在、ISSでは「水をリサイクルする技術＝浄化装置」の性能が進歩したことで、おしっこさえもキレイに飲めるようになっています。

おしっこは浄化して宇宙飛行士たちの飲み水になるので、うんことわけて回収されます。

なお、ISS内でおならをすると大問題！ 臭いを拡散させる対流が宇宙にはなく、臭いを伴ったガスがしばらくとどまるからです。

とはいっても、ISS内は空調で空気が循環しているので、ずっとその場にたまることはありませんが、不幸にもこの塊（かたまり）が直撃すると、気を失うかもしれませんね。

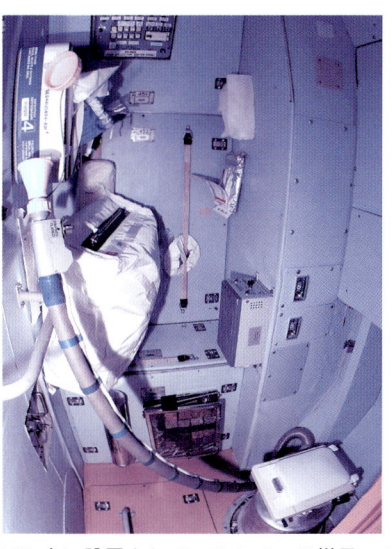

ISS内に設置されているトイレの様子。おしっこは長いホースから回収する仕組みになっている　　　　（出典：NASA）

★Answer

うんこは、大気圏で焼却処分！
おしっこは、高性能の浄化装置で宇宙飛行士たちの飲み水にリサイクル！

Q.59 宇宙は無菌状態……。だから、風邪をひかない?

難易度 C

🚀 宇宙に旅立つ前は隔離されたスペースで生活する徹底ぶり

「家族のなかで誰か1人でも風邪をひくと、一緒に生活している家族全員にもうつってしまった」──よく聞く話です。

ISSの場合はどうなるのかを、ちょっとお話ししておきましょう。

ISSは「巨大な宇宙基地」とはいえ、自由気ままに生活できる地上とは違い、限られた空間内での不自由な生活を余儀なくされます。

その限られた空間のなかで、厳しい試験を突破した6名の宇宙飛行士たちが、宇宙実験や天体観測など、与えられた任務を黙々とこなしながら共同生活をしているわけです。

もし、そのなかの誰か1人が風邪をひくと、限られた空間ですので、全員に感染してしまう可能性は充分にあり得るでしょう。

とはいえ、そのような事態におちいってしまうと、ISSの運用はもちろん、個々の仕事にも支障をきたします。最悪の場合は、宇宙飛行士の生命にもかかわる可能性も否めません。

そこで、ISSに滞在する宇宙飛行士が風邪をひいたり、病気になることがないように、宇宙に旅立つ前と旅立ったあと、さらにはISS内でも徹底した健康管理をおこなっています。

たとえば、ISSへの滞在が決まったら、宇宙に旅立つ前に健康診断を

何度も受けます。また、打ち上げの直前は、病気にならないように周りから隔離されたスペースで過ごすことになります。

この段階までくると、宇宙飛行士が接触する人も家族のみです。その家族もきちんと健康診断を受けているため、体調を崩すことはあっても、ウイルスや細菌などに感染する可能性は、まずありません。

宇宙へと運ばれる荷物も同様です。きちんと念入りに〝殺菌〟したうえで宇宙船に積みこまれます。

🚀 地上のコントロールセンターから24時間態勢でモニターチェック‼

ISS内の衛生・健康管理は、どのようになっているのでしょうか。

まず、船内は24時間、空気清浄機が回っている無菌状態です。

さらに、地上のコントロールセンターから宇宙飛行士の健康状態をモニターでチェックしています。これも24時間態勢です。

船内でも医療担当の「クルー・メディカル・オフィサー」を引き受けるクルー（乗組員）が、ほかの宇宙飛行士の健康管理に気を配っています。

そのほかにも、船内が細菌やカビといった微生物・有毒ガスなどに汚染されていないかを監視するシステムもあります。

なお、万が一に備えて、ISS内には薬・AED・点滴・緊急手術キットといった医療器具が搭載（とうさい）されており、必要時には、地上にいる担当医の指示に従って、クルー・メディカル・オフィサーが救急処置をおこないます。

★ Answer

宇宙にいく前はもちろん、ISS内でも徹底的に健康管理をおこなっているので、可能性は非常に低いです。

参考文献（順不同）

- 『5つの謎からわかる宇宙 ダークマターから超対称性理論まで』 荒舩 良孝《平凡社》
- 『宇宙の新常識100 宇宙の姿からその進化、宇宙論、宇宙開発まで、あなたの常識をリフレッシュ！』
  荒舩 良孝《SBクリエイティブ》
- 『宇宙がわかる本』 荒舩 良孝《宝島社》
- 『講談社の動く図鑑MOVE 宇宙』 渡部 潤一：監修《講談社》
- 『知識ゼロからの宇宙入門』 渡部 潤一：監修／渡部 好恵／ネイチャー・プロ編集室《幻冬舎》
- 『宇宙は本当にひとつなのか 最新宇宙論入門』 村山 斉《講談社》
- 『宇宙になぜ我々が存在するのか』 村山 斉《講談社》
- 『大人のための図鑑 惑星・太陽の大発見 46億年目の真実』 田近 英一：監修《新星出版社》
- 『眠れなくなる宇宙のはなし』 佐藤 勝彦《宝島社》
- 『大人も子どもも夢中になる はじめての宇宙の話』 佐藤 勝彦《かんき出版》
- 『宇宙の不思議がわかる！』 甲谷 保和《実業之日本社》
- 『「もしも？」の図鑑 宇宙の歩き方』 渡辺 勝巳《実業之日本社》
- 『改訂版 宇宙授業』 中川人司《サンクチュアリ出版》
- 『新しい宇宙のひみつQ&A』 的川 泰宣《朝日新聞出版》
- 『新常識がまるごとわかる！「宇宙」の地図帳』 縣 秀彦：監修《青春出版社》
- 『図解雑学 宇宙の不思議』 小谷 太郎《ナツメ社》
- 『宇宙をあるく』 細川 博昭《WAVE出版》
- 『宇宙においでよ！』 野口 聡一／林 公代《講談社》
- 『Dr.長沼の眠れないほど面白い科学のはなし』 長沼 毅《中経出版》
- 『宇宙はなぜこのような形なのか』 NHK「コズミックフロント」製作班《KADOKAWA／中経出版》
- 『図説 宇宙科学発展史 アリストテレスからホーキングまで』 本田 成親《工学図書》
- 『国際宇宙ステーションとはなにか 仕組みと宇宙飛行士の仕事』 若田 光一《講談社》
- 『ドキュメント宇宙飛行士選抜試験』 大鐘 良一／小原 健右《光文社》
- 『最新！宇宙探検ビジュアルブック』 阪本 成一：監修《主婦と生活社》
- 『親子で楽しめる！なぜ？どうして？宇宙と地球ふしぎの話』 的川 泰宣：監修／林 公代《池田書店》
- 『珍問難問 宇宙100の謎』 福井 康雄：監修《東京新聞出版局》
- 『宇宙で最初の星はどうやって生まれたのか』 吉田 直紀《宝島社》
- 『スペースシャトル全飛行記録』《洋泉社》
- 『宇宙ビジュアル大図鑑』 高橋 典嗣：監修《洋泉社》
- 『ゼロからわかるブラックホール 時空を歪める暗黒天体が吸い込み、輝き、噴出するメカニズム』
  大須賀 健《講談社》
- 『宇宙と地球を視る人工衛星100 スプートニク1号からひまわり、ハッブル、WMAP、スターダスト、はやぶさ、みちびきまで』
  中西 貴之《SBクリエイティブ》
- 『宇宙へ「出張」してきます 古川聡のISS勤務167日』
  古川 聡／林 公代／毎日新聞科学環境部《毎日新聞社》
- 『宇宙兄弟 コミックガイド』
  小山 宙哉／モーニング編集部：監修／アミューズメント出版部：編集《講談社》

主要参考ホームページ （順不同）

- NASA　http://www.nasa.gov
- 宇宙航空研究開発機構（JAXA）http://www.jaxa.jp/index_j.html

[著者紹介]

荒舩 良孝（あらふね よしたか）

◎── 科学ライター・ドキュメント作家・保育士。

◎── 1973年埼玉県生まれ。東京理科大学理工学部工業化学科中退。1995年7月より科学ライターとして活動を開始。主に科学分野で、最先端の研究からベーシックなテーマまで、さまざまな話題の解説・インタビュー・調査報告・ルポルタージュ・データ分析などをおこない、書籍や雑誌記事などの企画・構成・執筆を手掛ける。
宇宙論からニホンオオカミにいたるまで、理工系分野全般への幅広い知識には定評がある。ノーベル賞受賞者をはじめとした世界有数の研究者や宇宙飛行士などへのインタビュー実績も豊富。

◎── 主な著書に『宇宙の新常識100』（SBクリエイティブ）、『5つの謎からわかる宇宙』（平凡社）、『宇宙がわかる本』（宝島社）など。

[編集協力]

日本科学未来館

◎── 東京・お台場にある国立の科学館。「科学がわかる　世界がかわる」をスローガンに、先端の科学技術を紹介し、人間と科学のこれからの関係性などを語り合うきっかけの場として開かれたサイエンスミュージアム。

◎── 2001年に宇宙飛行士の毛利衛氏を館長として開館。多数の科学コミュニケーターが常駐し、展示フロアでの解説や展示の制作・リサーチなどを担当。大人から子どもまで、誰もが科学技術のおもしろさに触れることができる。

大人でも答えられない！宇宙のしつもん

2014年 8月28日　第1刷発行

著　者──荒舩 良孝
発行者──徳留 慶太郎
発行所──株式会社 すばる舎
　　　　〒170-0013 東京都豊島区東池袋3-9-7
　　　　東池袋織本ビル
　　　　TEL 03-3981-8651（代表）
　　　　　　03-3981-0767（営業部直通）
　　　　FAX 03-3981-8638
　　　　URL http://www.subarusya.jp/
　　　　振替 00140-7-116563

印　刷──株式会社 シナノ印刷

落丁・乱丁本はお取り替えいたします。本書の内容に関する問い合わせはすばる舎にご連絡ください
©Yoshitaka Arafune 2014 Printed in Japan
ISBN978-4-7991-0356-2